Martin Roser

Modellbasierte und positionsgenaue Erkennung von Regentropfen in Bildfolgen zur Verbesserung von videobasierten Fahrerassistenzfunktionen

Schriftenreihe
Institut für Mess- und Regelungstechnik,
Karlsruher Institut für Technologie

Band 021

Eine Übersicht über alle bisher in dieser Schriftenreihe erschienenen Bände finden Sie am Ende des Buchs.

Modellbasierte und positionsgenaue Erkennung von Regentropfen in Bildfolgen zur Verbesserung von videobasierten Fahrerassistenzfunktionen

von
Martin Roser

KIT Scientific Publishing

Dissertation, Karlsruher Institut für Technologie
Fakultät für Maschinenbau
Tag der mündlichen Prüfung: 26. Juni 2012

Impressum

Karlsruher Institut für Technologie (KIT)
KIT Scientific Publishing
Straße am Forum 2
D-76131 Karlsruhe
www.ksp.kit.edu

KIT – Universität des Landes Baden-Württemberg und nationales
Forschungszentrum in der Helmholtz-Gemeinschaft

KIT Scientific Publishing 2012
Print on Demand

ISSN 1613-4214
ISBN 978-3-86644-926-8

Modellbasierte und positionsgenaue Erkennung von Regentropfen in Bildfolgen zur Verbesserung von videobasierten Fahrerassistenzfunktionen

Zur Erlangung des akademischen Grades eines

Doktors der Ingenieurwissenschaften

von der Fakultät für Maschinenbau
des Karlsruher Instituts für Technologie (KIT)
genehmigte

Dissertation

von

DIPL.-ING. MARTIN ROSER

aus Karlsruhe

Hauptreferent:	Prof. Dr.-Ing. C. Stiller
Korreferent:	Prof. Dr. rer. nat. C. Neumann
Tag der mündlichen Prüfung:	26. Juni 2012

Vorwort

Die vorliegende Dissertation entstand während meiner Tätigkeit am Institut für Mess- und Regelungstechnik des Karlsruher Instituts für Technologie (KIT). Herrn Professor Christoph Stiller danke ich herzlich für die stets sehr gute Betreuung und die vielen fachlichen Anregungen sowie für die Schaffung von ausgezeichneten Rahmenbedingungen für das wissenschaftliche Arbeiten.

Herrn Professor Cornelius Neumann gilt mein Dank für die Übernahme des Korreferats und sein Interesse an meiner Arbeit.

Besonders hervorheben möchte ich die freundliche Unterstützung durch die Firma Honda. Dabei danke ich vor allem Herrn Dr. Jens Gayko für die angenehme und produktive Zusammenarbeit.

Der Graduiertenschule *Karlsruhe School of Optics and Photonics (KSOP)* gilt mein spezieller Dank, da ich durch viele Seminare, Workshops und Diskussionen einen umfassenden Einblick in dieses interdisziplinäre Forschungsfeld gewinnen konnte. Ebenfalls bedanken möchte ich mich bei Herrn Dr. Michael Brünig für die Einladung zu einem spannenden Forschungsaufenthalt an das *CSIRO ICT Centre* in Brisbane, bei Herrn Dr. Matthew Dunbabin für die gute Zusammenarbeit und Betreuung vor Ort sowie beim *Karlsruhe House of Young Scientists* (KHYS) für die Förderung dieses Aufenthalts.

Bei meinen Kolleginnen und Kollegen am MRT bedanke ich mich für die offene und angenehme Arbeitsatmosphäre, die große Hilfsbereitschaft, sowie für zahlreiche spannenden Diskussionen in den Kaffeerunden und auf den Sommerseminaren. Besonderer Dank gilt Herrn Dr. Martin Lauer, Herrn Dr. Carsten Hasberg, Herrn Andreas Geiger, Herrn Henning Lategahn und Herrn Philip Lenz für die mühsame Arbeit des Korrekturlesens und die zahlreichen konstruktiven Hinweise zu meiner Arbeit. Nicht zuletzt schulde ich dem Sekretariat, den Werkstätten und Herrn Werner Paal großen Dank für ihre Unterstützung, Kreativität und Einsatzbereitschaft in jeglichen administrativen und praktischen Belangen.

Meiner Familie, insbesondere meiner Frau Mira und meinen Kindern Hannes und Edda, danke ich zutiefst für ihre unendliche Geduld und vielfältige Unterstützung. Ohne sie hätte diese Dissertation nicht gelingen können. Ihnen ist diese Arbeit gewidmet.

Karlsruhe, im Juni 2012 Martin Roser

Kurzfassung

Für die Leistungsfähigkeit moderner Fahrerassistenzsysteme ist ein detailliertes Wissen über die Fahrzeugumgebung von fundamentaler Bedeutung. Hierfür kommen zunehmend Kamerasensoren zum Einsatz, da sie vielfältige Informationen für eine dichte Umfeldwahrnehmung liefern. Witterungsbedingte Effekte, insbesondere Regentropfen auf der Windschutzscheibe, führen jedoch zu einer starken Beeinträchtigung gegenwärtiger videobasierter Fahrerassistenzfunktionen.

Besonders wünschenswert für die robustere Gestaltung von Fahrerassistenzfunktionen wäre sowohl eine Bewertung der Bildqualität als auch ein weitergehendes Bildverständnis im Sinne der Identifikation und Herauslösung von gestörten Bildbereichen.

In der vorliegenden Arbeit wird ein Verfahren zur Erkennung von Regentropfen auf der Windschutzscheibe vorgestellt, das auf einer umfassenden, physikalischen und signaltheoretischen Regentropfen-Modellierung sowie der Betrachtung des Bildentstehungsprozesses in realen optischen Systemen basiert. Eine weitere Besonderheit dieses Ansatzes ist die durchgehend Bayes'sche Beschreibung der Verarbeitungskette, von der Detektion und Klassifikation in Einzelbildern bis zur Validierung von Regentropfenkandidaten im Rahmen einer Multi-Objekt-Multi-Hypothesen-Verfolgung in Bildsequenzen. Das entwickelte Verfahren besitzt eine hohe Modularität und ist mit wenig Aufwand um zusätzliche Störungen erweiterbar.

Die Leistungsfähigkeit des Erkennungssystems wird an realen Bildfolgen mit unterschiedlicher Niederschlagsintensität bewertet. Zudem werden Anwendungsfelder einer Regentropfenerkennung aufgezeigt und das Verbesserungspotenzial von ausgewählten Fahrerassistenzfunktionen demonstriert.

Schlagworte: Regentropfen – Strahlenverfolgung – Erkennung – Rekursive Zustandsschätzung

Abstract

A comprehensive perception of the vehicles environment plays a fundamental role for the development of advanced driver assistance systems. In this context, vision sensors provide a rich and versatile source of information. However, they are heavily affected by adverse weather effects, especially by adherent raindrops on the windshield, who exhibit a serious limitation for visual environment perception and a major challange for current vision-based driver assistance systems.

To improve robustness and assert proper operation of driver assistance systems in adverse weather, an image qualitiy assessment method as well as an advanced image understanding would be desirable.

This thesis outlines a method for the recognition of raindrops on the windshield. Characteristic features of raindrops are selected, based on a comprehensive physical raindrop model and an image formation process analysis in real optical systems. One focus lays on a persistent Bayesian description of the recignition task, ranging from the detection and classification in single images to the validation of raindrop candidates utilizing a multi-object-multi-hypothesis-tracking framework. Due to the methods high modularity, additional disturbances can be easily integrated in the proposed approach.

The performance of the recognition system is evaluated by means of multiple scenarios with different precipitation intensities. Furthermore, this thesis shows use cases for raindrop recognition systems and demonstrates the potential of improvement for selected vision-based driver assistance systems.

Keywords: Raindrops – Raytracing – Recognition – Recursive state estimation

Inhaltsverzeichnis

Symbolverzeichnis

Abkürzungen

2D/3D	zwei-/dreidimensional
AMM	Autonomous Multiple-Model
CMM	Cooperating Multiple-Model
DLT	Direct Linear Transform
DoB	Difference of Boxes
DoG	Difference of Gaussian
EKF	Erweitertes Kalman-Filter
FN	False Negative
FP	False Positive
GPS	Global Positioning System
GRM	Geometrisches Regentropfenmodell
HoG	Histogram of Gradients
HSV	Hue-Saturation-Value
IMM	Interacting Multiple-Model
IMU	Inertial Measurement Unit
INS	Integrated Navigation System
ITS	Intelligent Transportation Systems
JPDA	Joint Probabilistic Data Association
KDE	Kernel Density Estimation
KF	Kalman-Filter
KIT	Karlsruher Institut für Technologie
KNN	k-Nearest-Neighbors
LDA	Linear Discriminant Analysis
LIBVISO2	Library for Visual Odometry 2
LoG	Laplacian of Gaussian
LUT	Lookup-Tabelle
MAP	Maximum-A-Posteriori

ML	Maximum-Likelihood
MRT	Institut für Mess- und Regelungstechnik
NN	Nearest-Neighbors
PDA	Probabilistic Data Association
RANSAC	Random Sample Consensus
ROI	Region of Interest
SAD	Sum of Absolute Differences
SIFT	Scale Invariant Feature Transform
SPRT	Sequential Probability Ratio Test
SSD	Sum of Squared Differences
STFT	Short-Time-Fourier-Transform
SURF	Speeded Up Robust Features
SVM	Support Vector Machine
TP	True Positive
UKF	Unscented Kalman-Filter

Notationsvereinbarungen

Skalare	nicht fett, kursiv: $a, b, c, A, B, C, \ldots$
Vektoren, 2D Koordinaten	fett, kursiv, klein: $\boldsymbol{a}, \boldsymbol{b}, \boldsymbol{c}, \ldots$
Matrizen, 3D Koordinaten	fett, kursiv, groß: $\boldsymbol{A}, \boldsymbol{B}, \boldsymbol{C}, \ldots$
Homogene Koordinaten	fett, kursiv, serifenlos: $\mathsf{\mathbf{a}}, \mathsf{\mathbf{b}}, \mathsf{\mathbf{c}}, \mathsf{\mathbf{A}}, \mathsf{\mathbf{B}}, \mathsf{\mathbf{C}}, \ldots$
Mengen	kalligraphisch, groß: $\mathcal{A}, \mathcal{B}, \mathcal{C}, \ldots$
Konstanten, Bezeichner	nicht kursiv: a, b, c, ...

Symbole

Allgemein

$\mapsto$	Abbildung
$\approx$	Approximation
$:=$	Definition
$\simeq$	Perspektivische Projektion
$\propto$	Proportionalität
$\sim$	Verteilung einer Zufallsvariablen

$\lvert . \rvert$	Betrag, Mächtigkeit einer Menge
$\lVert . \rVert$	Euklidische Norm
$\lVert . \rVert_{\mathrm{M}}$	Minkowski Norm
$< .,. >$	Metrik
$\boldsymbol{\nabla}^2$	Laplace-Operator
$*$	Faltungsoperator
$**$	Faltungsoperator (zweidimensional)
$\times$	Vektorprodukt
$\cdot$	Skalarprodukt
$\varnothing$	leere Menge
$\cup$	Vereinigungsmenge
$\cap$	Schnittmenge
$\arg\{.\}$	Argument einer Funktion
$\mathrm{cov}\{.,.\}$	Kovarianz
δ_a^b	Kronecker-Symbol
$\det(.)$	Determinante einer Matrix
$\mathrm{E}\{.\}$	Erwartungswert
$f(.)$	allgemeine Funktion, Verteilungsdichtefunktion
γ	Gamma-Verteilung
Γ	Gamma-Funktion
$\boldsymbol{I}$	Einheitsmatrix
λ	Eigenwert einer Matrix
μ	Mittelwert
ρ	Korrelationskoeffizient
σ	Standardabweichung
$\mathrm{tr}(.)$	Spur einer Matrix
$\mathrm{var}\{.\}$	Varianz
$\hat{x}$	Schätzwert von x
$\underline{x}$	Messung/Beobachtung von x
$\boldsymbol{x}^{\mathrm{T}}$	Transposition des Vektors $\boldsymbol{x}$

Physikalische Modellierung

$\boldsymbol{b}$	Bézier-Oberfläche
c_{w}	Luftwiderstandsbeiwert

$\boldsymbol{\Phi}$	Vollständige Parametrierung des Regentropfenmodells
γ	Grenzflächen-/ Oberflächenspannung
$\boldsymbol{k}$	Kugelkappen-Oberfläche
$\boldsymbol{n}_B$	Normalenfeld der Bézier-Oberfläche
$\boldsymbol{n}_K$	Normalenfeld der Kugelkappen-Oberfläche
θ	Kontaktwinkel
$\mathcal{Q}$	Regentropfenmuster
ρ	Dichte
R	Regenstärke
U_∞	Anströmgeschwindigkeit
V	Volumen
w	Bézier-Gewicht

Kameramodell und Kamera-Einbaugeometrie

b	Bildweite
$\boldsymbol{c}$	Bildhauptpunkt
$\boldsymbol{C}$	Optisches Zentrum der Kamera
ϵ	Unschärfescheibchen
ϕ	Gierwinkel
f	Brennweite
$\boldsymbol{F}$	Fundamentalmatrix
g	Gegenstandsweite (fokussiert)
g'	Objektentfernung/ Gegenstandsweite (real)
$g(x)$	Grauwert eines Pixels
$\boldsymbol{K}$	Kalibriermatrix
O	Blende
$\boldsymbol{P}$	Projektionsmatrix
θ	Nickwinkel
ϑ	Wankwinkel
$\boldsymbol{R}$	Rotationsmatrix
$\boldsymbol{T}$	Translationsmatrix
T_e	Belichtungszeit der Kamera
ω	Neigungswinkel der Windschutzscheibe
$\boldsymbol{\xi}$	Kamera-Einbauparameter

Optik und Lichttechnik

α	Einfalls-, Brechungs-. Reflexionswinkel
E	Strahlungsflussdichte
Φ	Strahlungsfluss
M	Radiometrischer Korrekturfaktor
n	Brechungsindex
Q	Energie
R	Reflexionsgrad
$R_{\|\|}$	Reflexionsgrad für parallel polarisiertes Licht
$R_{\perp}$	Reflexionsgrad für orthogonal polarisiertes Licht
T	Transmissionsgrad

Regentropfenerkennung

$\boldsymbol{A}$	Zustandsübergangsmatrix
$\boldsymbol{B}$	Steuermatrix
$\mathcal{B}$	Rechteck-Filter
$\boldsymbol{C}$	Beobachtungsmatrix
$\mathcal{C}$	Objektklasse
$\mathcal{C}^*$	Objekthypothese, Modell einer Ausprägung der Objektklasse $\mathcal{C}$
$\boldsymbol{\delta}$	Messrauschen
$\mathcal{D}$	Disk-Kernel
$\boldsymbol{\epsilon}$	Systemrauschen
γ_0	Hyperparameter
$\boldsymbol{G}$	Kalman-Verstärkungs-Matrix
$\mathcal{G}$	Gauss-Filter
η	Klassenindex
H	Hypothese
$\boldsymbol{H}$	Homographiematrix
$\boldsymbol{H}_{\mathrm{H}}$	Hesse-Matrix
l	Log-Likelihood-Quotient
L	Likelihood-Quotient
L_{S}	Skalenraum
$\boldsymbol{m}$	Merkmalsvektor
$\mathcal{N}$	Normalverteilung

ϖ	Visuelle Ähnlichkeit
$\boldsymbol{P}$	Systemkovarianzmatrix
θ^{j}	Zuordnungsereignis, Track zu Messung j (PDA)
θ^{ij}	Zuordnungsereignis, Track i zu Messung j (JPDA)
$\boldsymbol{Q}$	Systemkovarianzmatrix
$\boldsymbol{R}$	Messkovarianzmatrix
$\boldsymbol{s}$	Systemzustand
$\boldsymbol{S}$	Kovarianzmatrix der Residuen
t_{I}	Schwellwert zur Akzeptanz von Hypothese I
t_{II}	Schwellwert zur Akzeptanz von Hypothese II
t_{a}	Schwellwert zur Ausgabe eines Tracks
t_{c}	Schwellwert zum Beenden eines Tracks
t_{ML}	Schwellwert zur Berücksichtigung von Objektkandidaten als Messungen
$\boldsymbol{u}$	Steuereingang
$\boldsymbol{v}$	Residuum
$\boldsymbol{W}$	Einflussmatrix des Systemrauschens
ξ	Sigmapunkt
$\boldsymbol{z}$	Beobachtung/ Messung
$\mathcal{Z}$	Menge von Beobachtungen, Kandidatenliste

1 Einleitung

Für die Leistungsfähigkeit moderner Fahrerassistenzsysteme ist ein detailliertes Wissen über das Fahrzeugumfeld von fundamentaler Bedeutung. Insbesondere bei sicherheitsrelevanten Systemen werden zudem hohe Anforderungen an die Zuverlässigkeit dieser Informationen gestellt. Ungünstige Witterungsbedingungen führen jedoch aufgrund von Störpartikeln in der Atmosphäre zu einer Beeinträchtigung der visuellen Umfeldwahrnehmung und stellen gegenwärtige Fahrerassistenzfunktionen vor enorme Herausforderungen.

Eine Möglichkeit zur Kategorisierung widriger Sichtverhältnisse besteht in der Unterscheidung von statischen und dynamischen Bedingungen [Gar07]. Die Beeinträchtigung von Kamerasensoren durch statische Wettersituationen wie Nebel oder Dunst ist meist auf eine Dämpfung des Lichts entlang des optischen Pfades zurückzuführen. Vielfältige Ursachen existieren hingegen für Einschränkungen aufgrund von dynamischen Störungen, wie Regen, Hagel oder Schnee.

Eine nähere Betrachtung von dynamischen Witterungsbedingungen zeigt eine gewisse Ähnlichkeit der zugrunde liegenden, physikalischen Effekte in Abhängigkeit von der Distanz der Störpartikel zur Kamera. Dadurch kann eine weitere Untergliederung nach der Entfernung der Störpartikel in Fernbereich, Mittelbereich und Nahbereich vorgenommen werden.

Fernbereich: Eine Beeinträchtigung der Bildinformationen durch Störpartikel im Fernbereich ist in Abbildung 1.1(a) illustriert. Ist der Partikeldurchmesser klein im Vergleich zum Abstand zur Kamera, tritt eine nebelartige, quasistatische Dämpfung auf, die zu einer Kontrastabnahme der Bildinformationen führt [Gar05]. Dieser Effekt wurde in der Literatur bereits umfassend für statische Wettersituationen diskutiert [Kos41, Oak98, Hen00, Nar02, Nar03, Hau07, Tan07, Xu09].

Mittelbereich: In moderater Entfernung kann die Kinematik von fallenden Partikeln beobachtet werden. Brechung, Reflektion und Absorption von Licht an diesen Partikeln verursachen ein, mit der Bewegungsrichtung korrelliertes, Intensitätsrauschen [Gar06, Gar07]. Wie in Abbildung 1.1(b) gezeigt, ist die Empfindlichkeit der Bildinformationen bezüglich dieses Effekts äußerst gering und kann zudem durch minimale Anpassung der Kamera-Belichtungszeit positiv beeinflusst werden.

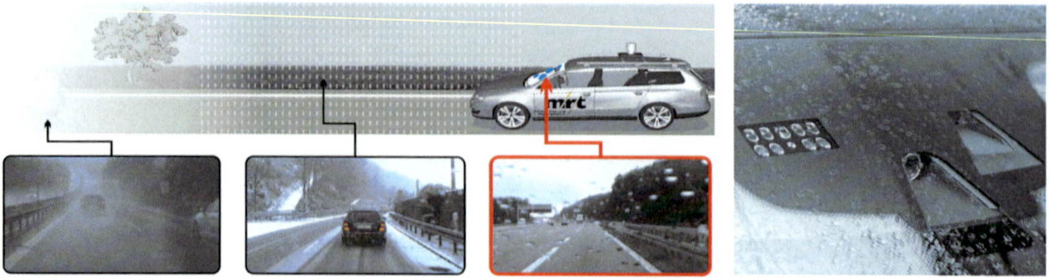

(a) (b) (c) (d)

Abbildung 1.1: Themeneingrenzung: Effekte im Fernbereich beschränken sich auf nebelähnliche Sichteinschränkungen (a). Atmosphärische Partikel in moderater Entfernung besitzen nur ein geringes Störpotenzial (b). Die Arbeit konzentriert sich auf die Erkennung von Regentropfen auf der Windschutzscheibe (c). Hierfür sind Regensensoren ungeeignet, denn sie überwachen nicht den Erfassungsbereich des Kamerasensors und liefern keine Ortsinformation (d).

Nahbereich: Das Auftreffen von Regentropfen auf der Windschutzscheibe führt zu einer partiellen Benetzung der Oberfläche und, aus Sicht der Kamera, zu einer Verdeckung der Fahrzeugumgebung (Abbildung 1.1(c)). Anhaftende Tropfen verursachen dadurch blinde Bereiche im Kamerabild, die aufgrund von Brechungseffekten zudem zusätzliche Bildstörungen hervorrufen können [Yam04, Kur05, Zha08, Hal09, Ros10]. Regentropfen treten impulsartig im Erfassungsbereich des Sensors auf und haften bis zum nächsten Scheibenwischerdurchgang an derselben Position auf der Windschutzscheibe an. Dies kann zu spontan auftretendem, unvorhergesehenem Verhalten von Bildverarbeitungsalgorithmen aufgrund von Fehlmessungen (Ausreißern) bis zum Totalausfall von sicherheitsrelevanten Fahrerassistenzsystemen aufgrund von systematischen Fehlern (anhaftende Regentropfen) führen. Regentropfen auf der Windschutzscheibe beeinträchtigen somit die videobasierte Umfeldwahrnehmung in erheblichem Maße.

Heutige Regensensoren liefern nur eine globale Schätzung der Niederschlagsstärke und können keine örtlich differenzierte Untersuchung durchführen. Wie in Abbildung 1.1(d) gezeigt, überwachen Regensensoren zudem nicht den Erfassungsbereich der Kamera und liefern somit keine direkte Qualitätsbewertung der Bilddaten. Eine positionsgenaue Detektion und Segmentierung von Regentropfen in den Bild-Eingangsdaten lässt hingegen eine lokal differenzierte Qualitätsbewertung zu und ermöglicht die Identifikation ungestörter Bildbereiche. Dadurch können Fehlmessungen reduziert und die Robustheit nachfolgender Fahrerassistenzapplikationen gegenüber Regentropfen auf der Windschutzscheibe gesteigert werden.

1.1 Ziele der Arbeit

Im Rahmen dieser Arbeit wird ein Verfahren zur Erkennung von anhaftenden Regentropfen auf der Windschutzscheibe in Einzelbildern und monokularen Bildfolgen entwickelt. Die Ziele der vorliegenden Arbeit liegen hierbei zum einen in der Bewertung der *Bildqualität* und in einem weitergehendem *Bildverständnis*, das eine Erklärung von regentropfenbedingten Bildstörungen und blinden Bildbereichen ermöglicht. Zum anderen soll durch die *Segmentierung* der Störungen eine Identifikation ungestörter Bildbereiche erfolgen, wodurch eine *Verbesserung* nachfolgender Fahrerassistenzfunktionen erzielt werden kann.

Eine Evaluation der *Bildqualität* soll die prinzipielle Funktionalität eines Regensensors abdecken und quantitative Kennwerte für die Bewertung der Bild-Eingangsdaten als Ganzes bereitstellen. Mögliche Kennwerte umfassen die Anzahl an Störungen im Bild oder die prozentual gestörte Bildfläche.

Darüber hinaus soll durch eine Klassifikation der Störungen ein weitergehendes *Bildverständnis* etabliert werden. In der vorliegenden Arbeit beschränkt sich dies auf die Erkennung unterschiedlich großer Regentropfen. Es wird jedoch ein möglichst allgemeingültiger und minimal einschränkender Erkennungsansatz gefordert, der eine einfache Integration weiterer Störungstypen wie anhaftende Verschmutzungen, Schlierenbildung oder Schädigungen der Windschutzscheibe erlaubt.

Die Genauigkeit der *Segmentierung* soll lediglich in dem Maße einer positions- und skalengenauen Detektion erfolgen, so dass eine Identifikation ungestörter Bildbereiche sichergestellt ist. Es wird kein Anspruch auf eine pixelgenaue Segmentierung erhoben.

Unter einer *Verbesserung* nachfolgender Fahrerassistenzfunktionen wird in dieser Arbeit vorrangig die Nutzung aller zur Verfügung stehender Informationen zur effizienteren und robusteren Gestaltung von ausgewählten, videobasierten Assistenzsystemen verstanden. Eine rein optische Bildverbesserung mag für vereinzelte Komfortsysteme sinnvoll sein, bildet jedoch nicht den Fokus dieser Arbeit.

Zusammengefasst ist das Ziel dieser Arbeit eine positions- und skalengenaue Erkennung von anhaftenden Regentropfen auf der Windschutzscheibe in Einzelbildern oder monokularen Bildfolgen zur Verbesserung der Funktionalität oder Ausweitung des Funktionsbereichs von videobasierten Fahrerassistenzsystemen in ungünstigen Witterungsbedingungen.

1.2 Einordnung der Arbeit

In der Literatur existieren unterschiedliche Verfahren zur videobasierten Erkennung von Regentropfen auf der Windschutzscheibe. Sie können in bifokale, kinematische und lernende Ansätze untergliedert werden.

Bifokale Ansätze verwenden spezielle Linsensysteme, die einen nicht benötigten Bildbereich auf die Windschutzscheibe refokussieren [Gor09]. Es erfolgt jedoch keine Segmentierung von Regentropfen im nutzbaren, auf die Szene fokussierten Eingangsbild. Die Leistungsfähigkeit dieser Verfahren ist somit auf die Funktionalität eines Regensensors begrenzt. Kinematische Ansätze nutzen das unterschiedliche Bewegungsverhalten von Szene und anhaftenden Regentropfen für eine bildbasierte Erkennung. Gleichförmig schwenkbare Überwachungskameras stellen beispielsweise den Sonderfall einer rein rotatorischen Bewegung dar. Dabei ist der optische Fluss der Szene gleichmäßig und unabhängig von deren Entfernung. So kann eine Eliminierung von Regentropfen durch Berechnung eines zeitlich-örtlichen Median-Grauwerts für jeden Pixel erfolgen [Yam04, Yam08]. Für eine allgemeine Bewegung der Kamera gestaltet sich dies deutlich schwieriger. Aktuelle Ansätze umfassen eine Wavelet-Transformation zur Segmentierung von unscharfen Bildbereichen in Kombination mit einer Bewegungsanalyse mittels kumulativen Differenzbildern [Zha08]. Während opake Verunreinigungen auf der Windschutzscheibe zuverlässig erkannt werden, verursachen Regentropfen aufgrund ihrer hohen Transparenz Schwierigkeiten bei der pixel-basierten Betrachtung des Bewegungsverhaltens.

In [Kur05] werden Regentropfen basierend auf Mustern detektiert, die durch eine Hauptkomponentenanalyse auf den Grauwerten einer umfassenden Trainingsmenge gelernt werden. Das Verfahren eignet sich zur Detektion von Regentropfen in homogenen Bildbereichen. In komplexer strukturierten Gebieten repräsentieren diese sogenannten *Eigentropfen* allerdings nicht mehr das differenzierte Erscheinungsbild unterschiedlicher Regentropfen, das sich durch optische Brechung der umgebenden Szene ergibt.

Die Diskussion der oben aufgeführten Verfahren macht deutlich, dass zum gegenwärtigen Zeitpunkt nur sehr eingeschränkt Verfahren zur Erkennung und Segmentierung von Regentropfen existieren. Die vorliegende Arbeit entwickelt ein modellgestütztes Erkennungssystem für anhaftende Regentropfen auf Basis einer durchgehend Bayes'schen Modellierung der Erkennungsaufgabe für unterschiedliche Regentropfenhypothesen in Einzelbildern und monokularen Bildfolgen.

Zunächst liefert die Arbeit eine umfassende, signaltheoretische Modellierung des Abbildungsprozesses von Regentropfen. Dabei wird sie inspiriert durch den Rendering-Prozess benetzter Oberflächen in der Computergrafik [Wan05, Stu07].

Der Fokus liegt jedoch auf einer vollständigen, physikalischen Modellbildung von Regentropfen und deren Interaktion mit realen optischen Systemen.

Die Erkennung von Regentropfen in Bildsequenzen folgt dem grundsätzlichen Aufbau konventioneller *Tracking-by-Detection*-Ansätzen [Sun06, Hof07, Lei08, And08], die eine Verfolgung von relevanten Objekten basierend auf einer Detektion in Einzelbildern bewerkstelligen. Allerdings wird in der vorliegenden Arbeit nur für sehr unwahrscheinliche Detektionen eine harte Entscheidung zum Zeitpunkt der Einzelbilderkennung getroffen. Alle übrigen werden im Rahmen einer Bayes'schen Modellierung in die Bildfolgenanalyse mit einbezogen und durch eine kombinierte, kinematisch-visuelle Betrachtung in Bildsequenzen validiert.

Daraus ergeben sich folgende Vorteile zu den bestehenden Verfahren

- Eine physikalische Modellierung von Regentropfen ist nicht auf Trainingsdaten angewiesen, um realistische Regentropfenmuster zu erzeugen.
- Das System ist beliebig parametrierbar. Es werden keine speziellen Kamerasysteme oder definierten Kamerabewegungen vorausgesetzt.
- Die Erkennung von Regentropfen kann sowohl in Einzelbildern als auch in Bildfolgen realisiert werden. Eine Verfolgung von Regentropfenkandidaten ermöglicht zusätzliche eine kinematisch-visuelle Validierung der Detektionsergebnisse aus Einzelbildern und trägt somit zu einer Steigerung der Leistungsfähigkeit des Erkennungsverfahrens bei.
- Das kinematische Bewegungsverhalten von Regentropfen wird erst nach erfolgter Segmentierung auf Objektebene untersucht, wodurch keine Schwierigkeiten aufgrund der Transparenz von Regentropfen entstehen.
- Das System ist äußerst modular aufgebaut und leicht auf andere, physikalisch modellierbare Störungstypen erweiterbar.

1.3 Struktur der Arbeit

Die vorliegende Arbeit besteht aus drei großen Teilgebieten. Diese sind die physikalische und signaltheoretische Modellierung von Regentropfen zur Identifikation charakteristischer Merkmale für die Erkennungsaufgabe, der Entwurf eines Verfahrens zur Erkennung von Regentropfen in Bildfolgen sowie die Evaluation des Verbesserungspotenzials für bestehende, videobasierte Fahrerassistenzfunktionen. Abbildung 1.2 zeigt die Systemarchitektur des entwickelten Verfahrens.

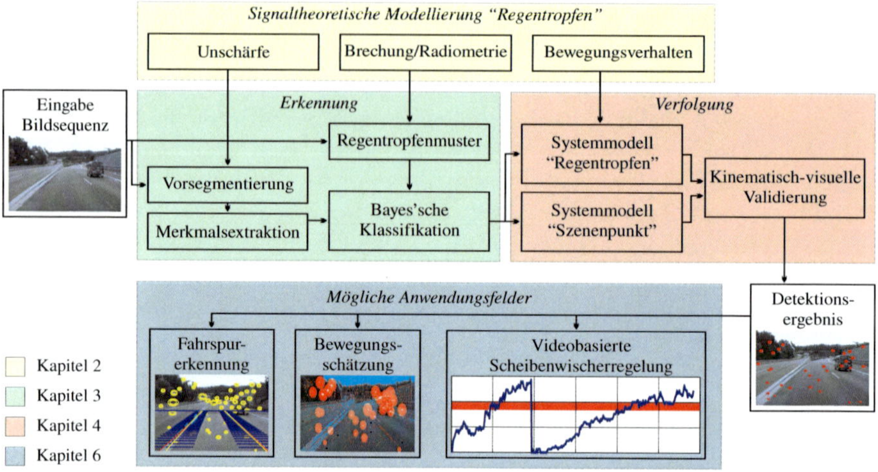

Abbildung 1.2: Systemarchitektur für die Regentropfenerkennung in monokularen Bildfolgen und Verbesserung von nachfolgenden Fahrerassistenzfunktionen. Das Verfahren besteht aus einer modellbasierten Erkennung und Verfolgung von Regentropfenkandidaten, das in jedem Modul auf Erkenntnisse des physikalischen und signaltheoretischen Entstehungsprozesses von Regentropfen zugreift. Dies ermöglicht die Bewertung der Bildqualität sowie eine Identifikation gestörter Bildbereiche, wodurch die ordnungsgemäße Funktion von videobasierten Fahrerassistenzsystemen bei Regen sichergestellt wird.

In **Kapitel 2** erfolgt eine umfassende Betrachtung des physikalischen und signaltheoretischen Entstehungsprozesses eines Regentropfens. Zunächst wird die meterologische Niederschlagsbildung bis zur Tröpfchenbildung nach Auftreffen auf der Windschutzscheibe beleuchtet, physikalische Modellierungsmöglichkeiten der Tropfenoberflächen eingeführt und sowohl mathematische als auch physikalische Grundlagen der Bildentstehung in realen optischen Systemen zusammengefasst. Daraus geht hervor, dass Regentropfen in der Atmosphäre einer charakteristischen Größenverteilung unterliegen, abhängig von der Niederschlagsintensität. Darüber hinaus wird die Abbildungs-Unschärfe als charakteristisches Merkmal von Objekten auf der Windschutzscheibe diskutiert und eine Vorhersage des geometrischen Strahlengangs sowie des radiometrischen Erscheinungsbilds von Regentropfen getroffen. Desweiteren wird das dynamische Verhalten von Regentropfen bei Bewegung des Ego-Fahrzeugs als Merkmal für die zeitliche Verfolgung von Regentropfen in Bildfolgen untersucht.

Auf Basis der Voruntersuchungen in Kapitel 2 erfolgt die Entwicklung eines Verfahrens zur Regentropfenerkennung. Dazu werden in **Kapitel 3** die Grundlagen zur Detektion und Beschreibung markanter Bildbereiche vorgestellt und ein Bayes'sches Klassifikationsverfahren zur modellbasierten Objekterkennung mit Regentropfenmustern eingeführt. In der Praxis ist zu beachten, dass sich ein möglichst geringer Rechenaufwand für die Erzeugung von Regentropfenmustern zur Laufzeit ergibt. Dies geschieht in der vorliegenden Arbeit durch eine Vorberechnung von Lookup-Tabellen für eine diskrete Anzahl an Bildpositionen und Tropfengrößen. Aufbauend auf den Grundlagen der geometrischen Optik werden die getroffenen Modellierungsannahmen validiert und die Empfindlichkeit der Regentropfenmuster gegenüber in der Realität auftretenden Abweichungen untersucht.

Kapitel 4 diskutiert Grundlagen der rekursiven Zustandsschätzung in Hinblick auf eine Multi-Objekt-Multi-Hypothesen-Verfolgung, wodurch insbesondere eine Betrachtung von Datenassoziationsmethoden und Multi-Modell Strategien erfolgt. Darauf aufbauend wird ein kontinuierlich-diskreter Bayes-Filter zur gleichzeitigen Verfolgung und Validierung von Regentropfenkandidaten entwickelt. Hierfür wird eine Erweiterung des sequentiellen Hypothesentests vorgestellt, der sowohl das dynamische Verhalten von Regentropfen bei Bewegung des Ego-Fahrzeugs als auch ihr visuelles Erscheinungsbild überprüft. Aufgrund der hohen Dynamik des Regentropfen-Auftreffprozesses auf der Windschutzscheibe werden zudem hohe Anforderungen an das Trackmanagement gestellt. Diese werden im Systementwurf berücksichtigt und ein zugleich robustes und schnelles Trackmanagement für den entwickelten Anwendungsfall realisiert.

In **Kapitel 5** werden verschiedene Erkennungsalgorithmen in repräsentativen Szenarien erprobt und bewertet. Der manuellen Erstellung von Referenzdaten kommt hierbei fundamentale Bedeutung zu. Darüber hinaus zeigt dieses Kapitel den Nutzen von Verfolgungsfiltern für zunehmende Niederschlagsintensitäten auf und vollzieht einen visuellen Vergleich ausgewählter Detektionsverfahren in Hinblick auf ihre Eignung zur Verbesserung nachgeschalteter Fahrerassistenzfunktionen.

Kapitel 6 diskutiert das Verbesserungspotenzial von ausgewählten Fahrerassistenzsystemen am Beispiel unterschiedlicher Anwendungen und vollzieht eine Abschätzung über die Ausweitungsmöglichkeit ihres Arbeitsbereichs in ungünstigen Witterungsbedingungen. Zudem wird die Realisierbarkeit einer videobasierten Scheibenwischerregelung untersucht und eine Strategie zur Rekonstruktion verdeckter Bildbereiche für nicht-sicherheitsrelevante Fahrerinformations- und Komfortsysteme vorgestellt.

Kapitel 7 fasst die wichtigsten Ergebnisse dieser Arbeit zusammen und gibt einen Ausblick auf mögliche weitere Aufgabenstellungen.

2 Physikalisches Signalmodell

Der Erfolg von Detektions- und Klassifikationsaufgaben hängt entscheidend von der Diskriminanz der verwendeten Merkmale ab. Sie sollen eine möglichst große Ähnlichkeit zu Merkmalen derselben Objektklasse aufweisen und sich deutlich von den Merkmalen anderer Objektklassen unterscheiden. Die Auswahl solch aussagekräftiger, objekttypischer Merkmale gestaltet sich für die Aufgabe der Regentropfenerkennung schwierig, da Regentropfen eine hohe Variabilität an Größen und Formen besitzen. Aufgrund ihrer Transparenz verfügen sie zudem über kein wesenseigenes, vom Kontext unabhängiges Erscheingungsbild.

Bei näherer Betrachtung des Signalentstehungsprozesses der Regentropfen können jedoch markante Merkmale identifiziert werden, die von physikalischen Effekten des Abbildungsprozesses in der Kamera sowie von Brechungseffekten der Lichtstrahlen am Regentropfen stammen. Da Regentropfen dem Kamerareferenzsystem angehören, weisen sie darüber hinaus in Bildfolgen ein typisches Bewegungsverhalten auf, das sich deutlich von der perspektivischen Bewegung starrer Szenenpunkte unterscheidet.

Dieses Kapitel umfasst eine vollständige, signaltheoretische Modellierung dieser Effekte und schafft somit die Voraussetzungen für eine erfolgreiche Erkennung und zeitliche Verfolgung von Regentropfen. Kapitel 2.1 beschreibt zunächst den Entstehungsprozess von Regentropfen und diskutiert Möglichkeiten zur physikalischen Modellierung ihrer Oberfläche. Kapitel 2.2 modelliert den Abbildungsprozess eines realen optischen Systems und entwickelt eine Methode zur Bestimmung der Unschärfe von Regentropfen jenseits des Schärfentiefenbereichs der Kamera. Kapitel 2.3 erzeugt realistische Regentropfenmuster aus Hintergrundinformationen durch Vorhersage des geometrischen Strahlengangs sowie des radiometrischen Erscheinungsbilds. Abschließend diskutiert Kapitel 2.4 das dynamische Verhalten von Regentropfen bei einer Bewegung des Ego-Fahrzeugs als Merkmal für die zeitliche Verfolgung von Regentropfen in Bildfolgen.

2.1 Entstehung von Regentropfen

Der Prozess der Niederschlagsbildung beruht auf Keimbildung und Wachstum durch Kondensation in der mit Wasserdampf übersättigten Luft sowie auf Kollision und Koaleszenz mit anderen Wolkentröpfchen. Ab einer Mindestgröße werden diese in Form von Niederschlag aus der Wolke ausgeschieden. Deformationen der Tropfen im freien Fall führen zum Aufplatzen in zahlreiche kleinere Tröpfchen, Kollisionen hingegen verursachen ein Tröpfchenwachstum [Vil09]. Dadurch bildet sich bis zum Auftreffen auf der Erdoberfläche eine je nach Niederschlagsintensität, typische Größenverteilung von Regentropfen aus.

Kapitel 2.1.1 führt eine Regentropfengrößenverteilung [Mar48, Uij99] zur mathematischen Beschreibung des Niederschlagsprozesses ein und fasst daraus gewonnene Erkenntnisse für die vorliegende Arbeit zusammen. Kapitel 2.1.2 beschreibt die Tröpfchenbildung nach dem Auftreffen auf der Windschutzscheibe, die durch Wechselwirkungen zwischen den Kohäsionskräften der Wassermoleküle untereinander und den Adhäsionskräften zwischen Wassermolekülen und Oberfläche verursacht werden [Wol57]. Abschließend diskutiert Kapitel 2.1.3 geeignete Ansätze zur Modellierung der Tropfenoberfläche und vollzieht eine vollständige, experimentelle Parametrisierung für Regentropfen relevanter Größe auf unterschiedlich geneigten Windschutzscheiben.

2.1.1 Regentropfengrößenverteilung

Eine Klassifikation von Niederschlägen erfolgt üblicherweise nach der Niederschlagsrate R, wie sie in Tabelle 2.1 abgebildet ist [Bau90]. Der Zusammenhang zwischen Niederschlagsrate und Größenverteilung der Tropfen pro Einheitsvolumen (engl. *Sample-Volume-Process*) ist durch die Marshall-Palmer-Verteilung [Mar48] gegeben

$$N_{\mathrm{V}}(D) = N_0 \exp^{-\Lambda D}, \tag{2.1}$$

wobei D den Tropfendurchmesser, $N_0 \approx 8 \cdot 10^3$ eine Konstante und Λ die Steigung der N_{V}-Kurve in semi-logarithmischer Darstellung bezeichnet. Es gilt

$$\Lambda = 4{,}1 R^{-0{,}21}, \tag{2.2}$$

was bei steigenden Niederschlagsraten, wie in Abbildung 2.1 gezeigt, eine Verschiebung der Marshall-Palmer Verteilung in Richtung größerer Tropfenradien verursacht. In traditioneller Definition von [Mar48] repräsentiert $N_{\mathrm{V}}(D)\mathrm{d}D$ die erwartete Anzahl an Regentropfen für das Durchmesserintervall $[D, D + \mathrm{d}D]$ pro Einheitsvolumen V. Eine zweite gängige Definition der Regentropfengrößenverteilung [Smi93] ist der Fluss der Regentropfen über die Grenze eines Einheitsvolumens heraus, also die Verteilung des Auftreffprozesses $N_{\mathrm{A}}(D)$ von Regentropfen auf die Grundfläche des Einheitsvolumens (engl. *Raindrop-Arrival-Process*).

Tabelle 2.1: Skala der Niederschlagsrate R nach [Bau90]

Ziffer	Bezeichnung	Niederschlagsrate $\left[\frac{\text{mm}}{\text{h}}\right]$
0	leichter Niederschlag	$< 0{,}5$
1	mäßiger Niederschlag	$0{,}5 - 4{,}0$
2	starker Niederschlag	$\geq 4{,}1$

Generell unterscheidet sich diese von der volumetrischen Regentropfengrößenverteilung $N_{\text{V}}(D)$, da die Fallgeschwindigkeit der Tropfen von deren Größe abhängt. [Atl77] leitet folgende mathematische Beziehung zwischen Tropfendurchmesser und Fallgeschwindigkeit her

$$v(D) = \alpha D^{\beta} \tag{2.3}$$

und zeigt für $\alpha = 3{,}778 \frac{\text{m}}{\text{s mm}^{\beta}}$ und $\beta = 0{,}67$ eine gute Übereinstimmung zu experimentellen Daten für den Tropfenbereich $0{,}5 \leq D \leq 5$mm. Aus (2.1) und (2.3) ergibt sich für die Verteilung des Auftreffprozesses $N_{\text{A}}(D)$

$$N_{\text{A}}(D) = \alpha N_0 D^{\beta} \exp^{-\Lambda D} . \tag{2.4}$$

$N_{\text{A}}(D)\mathrm{d}D$ beschreibt die erwartete Anzahl von Regentropfen mit Durchmesser zwischen D und $D + \mathrm{d}D$, die pro Einheitsfläche und Zeiteinheit auftreffen. Eine statistische Interpretation der Regentropfengrößenverteilung ist in [Uij99] gegeben: Sei ρ_{A} die Gesamtzahl aller auftreffenden Regentropfen pro Zeiteinheit, D eine Zufallsvariable für den Durchmesser der Regentropfen und $f_D(D)$ deren Verteilungsdichtefunktion, so kann die Verteilung des Auftreffprozesses $N_{\text{A}}(D)$ als absolute Häufigkeit eines Zufallsexperiments gesehen werden

$$N_{\text{A}}(D) = \rho_{\text{A}} f_D(D). \tag{2.5}$$

Für die mittlere Regenauftreffrate über alle Regentropfengrößen gilt

$$\rho_{\text{A}} = \int_0^{\infty} N_{\text{A}}(D)\mathrm{d}D = \alpha N_0 \frac{\Gamma(1+\beta)}{\Lambda^{1+\beta}}. \tag{2.6}$$

Einsetzen von (2.4) und (2.6) in (2.5) ergibt die Verteilungsdichtefunktion des Regentropfenauftreffprozesses

$$f_D(D) = \frac{\Lambda^{1+\beta}}{\Gamma(1+\beta)} D^{\beta} \exp^{-\Lambda D} \qquad (\beta > 0, \Lambda > 0, D \geq 0), \tag{2.7}$$

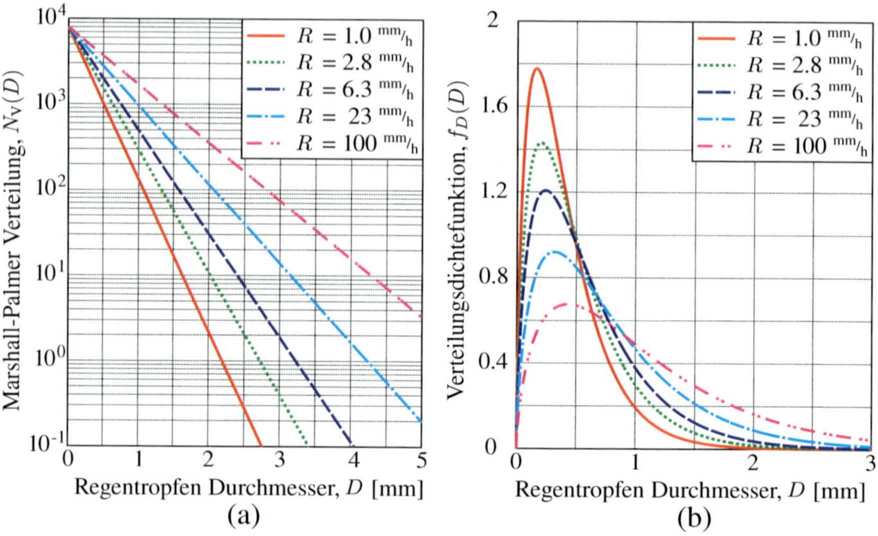

Abbildung 2.1: Tropfenspektrum für verschiedene Niederschlagsintensitäten nach Marshall und Palmer [Mar48] (a); Verteilungsdichtefunktion des Regentropfendurchmessers für den Auftreffprozess [Uij99] (b).

welche wie in Abbildung 2.1(b) gezeigt, einer Gammaverteilung $\gamma(D|1+\beta,\Lambda)$ entspricht [Bis06].

Für die Aufgabe der Modellierung und Erkennung von Regentropfen auf der Windschutzscheibe leiten sich hieraus folgende Erkenntnisse ab:

- Regentropfen besitzen eine große Variabilität, die bei ihrer physikalischen Modellierung berücksichtigt werden muss.
- Selbst in starken Niederschlägen der Intensität $R = 6{,}3\,\frac{\text{mm}}{\text{h}}$ existieren fast ausschließlich kleine Tropfendurchmesser $P(0 < D < 3\text{mm}) = 0{,}9988$. Daher beschränkt sich diese Arbeit auf die Modellierung von Tropfen dieser Größe, was kugelförmigen Tropfen des Volumens $0 - 20\mu\text{l}$ entspricht.
- Eine Schätzung der globalen Regenintensität liefert zusätzliche Informationen über die Form der Verteilungsdichtefunktion $f_D(D)$. Daraus werden im Folgenden A-Priori-Wahrscheinlichkeiten für unterschiedliche Tropfenvolumen modelliert (siehe Kapitel 3.3.4).

Abbildung 2.2: Dreiphasenkontakt eines Flüssigkeitstropfens auf einer Festkörperoberfläche (a); Beispiele für unterschiedliche Benetzungsverhalten (b).

2.1.2 Partielle Benetzung von Oberflächen

Die Interaktion eines Flüssigkeitstropfens mit der Oberfläche eines Festkörpers wird durch drei Grenzflächenspannungen beschrieben. Diese sind die Oberflächenspannung γ_s des festen Körpers, die Oberflächenspannung γ_f der Flüssigkeit und die Grenzflächenspannung γ_{sf} zwischen ihnen [Wol57]. Wie in Abbildung 2.2(a) gezeigt, stellt sich ein Kräftegleichgewicht an der gemeinsamen Berührungszone beider Stoffe in Abhängigkeit des Kontaktwinkels θ ein, welches mit der Young'schen Gleichung $\gamma_s = \gamma_{sf} + \gamma_f \cos\theta$ [Mit93] formuliert wird.

Die Größe von θ hängt einzig von den Materialeigenschaften und der Oberflächenbeschaffenheit ab. Der Kontaktwinkel gibt Auskunft über das Benetzungsverhalten der Flüssigkeit auf dem Feststoff:

- $\theta = 0°$: Die Flüssigkeit benetzt die Oberfläche vollständig (Spreiten), d.h. sie breitet sich ungehindert auf der Oberfläche aus und zerfließt zu einem dünnen Film.

- $0° < \theta \leq 90°$: Der Tropfen verbreitert sich, bleibt aber als Tropfen noch zu erkennen (partielle Benetzung).

- $90° < \theta < 180°$: Der Tropfen perlt von der Oberfläche ab. Die Benetzung erfolgt nur sehr unvollständig.

- $\theta = 180°$: Flüssigkeit und Oberfläche sind absolut unbenetzbar.

Beispiele idealen Benetzungsverhaltens sind in Abbildung 2.2(b) dargestellt. In der Realität zeigt sich jedoch, dass die Benetzung ein komplexeres Phänomen ist [Wol57, Cli78, Fro00]. Der Kontaktwinkel θ ist außerordentlich empfindlich gegenüber geometrischen und physikalischen Imperfektionen der Oberfläche sowie

Verunreinigungen der Flüssigkeit. Gelöste Mineralien in Regenwasser können beispielsweise zu einer Vergrößerung des Kontaktwinkels führen. Tenside, wie sie in Waschlösungen von Kfz-Waschanlagen vorkommen, begünstigen hingegen das Spreiten. Eine weitere Schwierigkeit bei der Messung des Kontaktwinkels wird bei auftretenden Schubkräfte, beispielsweise bei Neigung der Oberfläche deutlich: Bevor sich der Tropfen zu bewegen beginnt, tritt eine Verformung in Richtung der resultierenden Kraft auf. Der fortschreitende Kontaktwinkel θ_f am vorderen Rand des Tropfens ist nun deutlich größer als der rückschreitende Kontaktwinkel θ_r an der abgekehrten Seite. Die Differenz zwischen den beiden Winkeln bezeichnet man als Kontaktwinkelhysterese $\Delta\theta = \theta_\mathrm{f} - \theta_\mathrm{r}$.

2.1.3 Parametrisierung der Tropfenoberfläche

Bei der rechnergestützten Konstruktion und Festkörpersimulation finden unterschiedlichste Modellierungsmöglichkeiten Anwendung. Diese reichen von einfachsten, geometrischen Primitiven bis hin zu einer Diskretisierung durch finite Elemente, die mit Hilfe von stückweise stetigen Polynomen zu glatten Oberflächen interpoliert werden [Dub97]. In diesem Abschnitt werden geeignete Ansätze zur Modellierung der Oberfläche von Regentropfen auf einer geneigten Windschutzscheibe vorgestellt, die der Forderung nach einer genauen und dennoch niedrigdimensionalen Parametrisierung der Tropfenoberfläche entsprechen.

Kugelkappen

Abbildung 2.3 zeigt eine Kugelkappe mit Radius R_K und Kontaktwinkel θ. Ihre Parameterdarstellung in Kugelkoordinaten ist gegeben durch

$$\boldsymbol{k}(\vartheta,\varphi) = R_\mathrm{K}\begin{pmatrix}\sin\vartheta\cos\varphi\\ \sin\vartheta\sin\varphi\\ \cos\vartheta\end{pmatrix} \qquad (\vartheta,\varphi)\in[0,\theta]\times[0{,}2\pi]\,. \tag{2.8}$$

Das Normalenfeld liegt implizit durch Normierung von $\boldsymbol{k}(\vartheta,\varphi)$

$$\boldsymbol{n}_K(\vartheta,\varphi) = \frac{\boldsymbol{k}(\vartheta,\varphi)}{\|\boldsymbol{k}(\vartheta,\varphi)\|} = \begin{pmatrix}\sin\vartheta\cos\varphi\\ \sin\vartheta\sin\varphi\\ \cos\vartheta\end{pmatrix} \tag{2.9}$$

vor. Eine analytische Berechnung für das Kugelkappenvolumen V_K liefert

$$V_\mathrm{K} = \frac{\pi}{3}h^2(3R_\mathrm{K}-h) = \frac{\pi}{3}R_\mathrm{K}^3(1-\cos\theta)^2(2+\cos\theta). \tag{2.10}$$

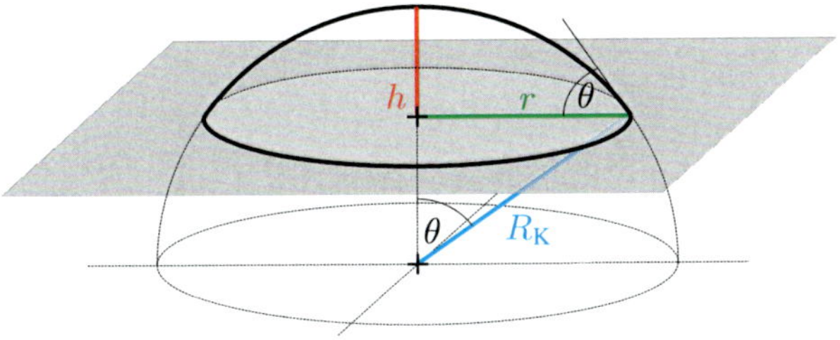

Abbildung 2.3: Kugelkappenmodell

Unter der Annahme der Massenerhaltung beim Auftreffprozess eines Regentropfens auf der Windschutzscheibe, ist das Volumen V eines fallenden Tropfens gleich dem Volumen der Kugelkappe $V = V_K$. Darüber hinaus gilt die Modellierungsannahme $0 < V < 20\mu l$. Für den Radius R_K ergibt sich aus (2.10)

$$R_K = \sqrt[3]{\frac{3V}{\pi(1-\cos\theta)^2(2+\cos\theta)}}. \tag{2.11}$$

Die Tropfenhöhe h bzw. der Radius r der kreisförmigen Kontaktfläche folgt aus trigonometrischen Beziehungen zu

$$h = R_K(1-\cos\theta) \tag{2.12}$$

$$r = R_K \sin\theta. \tag{2.13}$$

Kugelkappen stellen aufgrund ihrer Rotationssymmetrie und konstanter Krümmung die einfachste Parametrierungsmöglichkeit von Tropfenoberflächen dar. Sie werden vollständig durch das Tropfenvolumen V eines fallenden Regentropfens sowie den Kontaktwinkel θ beschrieben. Für liegende Tropfen auf ebenen Flächen führt diese Modellierung zu einer geringen Formabweichung. Das Oberflächennormalenfeld weist jedoch starke Abweichungen zu realen Oberflächennormalen von Regentropfen auf, da dessen Formen aufgrund von Schwerkrafteinflüssen für steigende Volumen zunehmend abflachen. Zudem verursachen Schubkräfte bei geneigten Oberflächen eine Kontaktwinkelhysterese $\Delta\theta$, die durch Kugelkappen nicht modelliert werden kann.

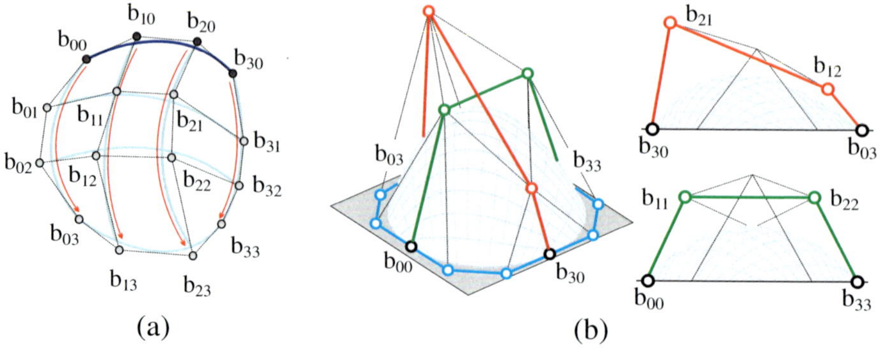

Abbildung 2.4: Bikubische Bézierfläche (a) und Modellierungsannahmen (b); Forderung einer kreisförmigen Kontaktfläche (blau), Seitenansicht für geneigte Richtung (rot) und symmetrische Seitenansicht für ebene Richtung (grün).

Bézierflächen

Bézierkurven sind eine Linearkombination von Basisvektoren, den sogenannten Kontrollpunkten. Ihre Gewichtung wird mit Hilfe der Bernstein Polynome formuliert [Far02], die für den Grad m die allgemeine Form

$$B_i^m(t) = \binom{m}{i} t^i(1-t)^{m-i} \qquad i \in [0, m]\,, t \in [0{,}1] \tag{2.14}$$

besitzen. Die Gleichung einer Bézierkurve m-ten Grades bestimmt sich somit zu

$$\boldsymbol{b}^m(u) = \sum_{i=0}^{m} \boldsymbol{b}_i B_i^m(u). \tag{2.15}$$

In [Far02] wird nun eine Oberfläche als Ort einer zweidimensionalen Kurve angesehen, die wie in Abbildung 2.4(a) gezeigt, beim Durchwandern des Raumes ihre Form ändert. Das bedeutet: jeder Kontrollpunkt $\boldsymbol{b}_i$ durchwandert eine Bézierkurve vom Grad n

$$\boldsymbol{b}_i = \boldsymbol{b}_i(v) = \sum_{j=0}^{n} \boldsymbol{b}_{ij} B_j^n(v), \tag{2.16}$$

wodurch sich eine Bézierfläche $\boldsymbol{b}^{m,n}$ in Parameterdarstellung zu

$$\boldsymbol{b}^{m,n}(u,v) = \sum_{i=0}^{m}\sum_{j=0}^{n} \boldsymbol{b}_{ij} B_i^m(u) B_j^n(v) \tag{2.17}$$

ergibt. Das Normalenfeld berechnet sich für jeden Oberflächenpunkt aus dem Kreuzprodukt zweier beliebiger, tangentialer Vektoren, z.B. der partiellen Ableitungen in u und v Richtung

$$\boldsymbol{n}_{\mathrm{B}}(u,v) = \frac{\frac{\partial}{\partial u}\boldsymbol{b}^{m,n}(u,v) \times \frac{\partial}{\partial v}\boldsymbol{b}^{m,n}(u,v)}{\left\| \frac{\partial}{\partial u}\boldsymbol{b}^{m,n}(u,v) \times \frac{\partial}{\partial v}\boldsymbol{b}^{m,n}(u,v)\right\|}. \tag{2.18}$$

Die vorliegende Arbeit modelliert bikubische Bézierflächen ($m = n = 3$) mit insgesamt 16 Kontrollpunkten (Abbildung 2.4(a)). Die getroffenen Modellierungsannahmen werden in Abbildung 2.4(b) illustriert. Die Forderung nach einer kreisförmigen Kontaktfläche (blau) mit Radius $r(V)$ aus (2.13) reduziert die Freiheitsgrade der Bézierfläche auf vier Kontrollpunkte $\boldsymbol{b}_{11}, \boldsymbol{b}_{22}, \boldsymbol{b}_{12}, \boldsymbol{b}_{21}$ sowie das Tropfenvolumen V (insgesamt neun Parameter). Durch eine Symmetrieannahme für das Kontrollpolygon $\boldsymbol{b}_{00}, \boldsymbol{b}_{11}, \boldsymbol{b}_{22}, \boldsymbol{b}_{33}$ orthogonal zum steilsten Gradienten der Windschutzscheibe (grün) können zwei weitere Paramter eliminiert werden

$$\theta_{\mathrm{f}} = \theta_{\mathrm{r}} = \theta_0 \tag{2.19}$$

$$w_{\mathrm{f}} = w_{\mathrm{r}} = w_0. \tag{2.20}$$

θ_0 bezeichnet hierbei den Kontaktwinkel eines Tropfens auf ebener Fläche mit zugehörigem Gewicht w_0. Abschließend gelten folgende trigonometrische Beziehungen für die Kontrollpolygone in Abbildung 2.4(b):

$$\theta_{\mathrm{f}} = \angle\left(\overline{\boldsymbol{b}_{30}\boldsymbol{b}_{03}}, \overline{\boldsymbol{b}_{30}\boldsymbol{b}_{21}}\right) \tag{2.21}$$

$$\theta_{\mathrm{r}} = \angle\left(\overline{\boldsymbol{b}_{03}\boldsymbol{b}_{30}}, \overline{\boldsymbol{b}_{03}\boldsymbol{b}_{12}}\right) \tag{2.22}$$

$$\theta_0 = \angle\left(\overline{\boldsymbol{b}_{00}\boldsymbol{b}_{33}}, \overline{\boldsymbol{b}_{00}\boldsymbol{b}_{11}}\right) = \angle\left(\overline{\boldsymbol{b}_{33}\boldsymbol{b}_{00}}, \overline{\boldsymbol{b}_{33}\boldsymbol{b}_{22}}\right) \tag{2.23}$$

$$w_{\mathrm{f}} = \overline{\boldsymbol{b}_{30}\boldsymbol{b}_{21}} \tag{2.24}$$

$$w_{\mathrm{r}} = \overline{\boldsymbol{b}_{03}\boldsymbol{b}_{12}} \tag{2.25}$$

$$w_0 = \overline{\boldsymbol{b}_{00}\boldsymbol{b}_{11}} = \overline{\boldsymbol{b}_{00}\boldsymbol{b}_{22}}. \tag{2.26}$$

Daraus ergibt sich eine vollständige Parametrierung von bikubischen Bézierflächen in Abhängigkeit von sieben Parametern: den Kontaktwinkeln $\theta_{\mathrm{f}}, \theta_{\mathrm{r}}, \theta_0$ mit zugehörigen Béziergewichten $w_{\mathrm{f}}, w_{\mathrm{r}}, w_0$ und dem Tropfenvolumen V.

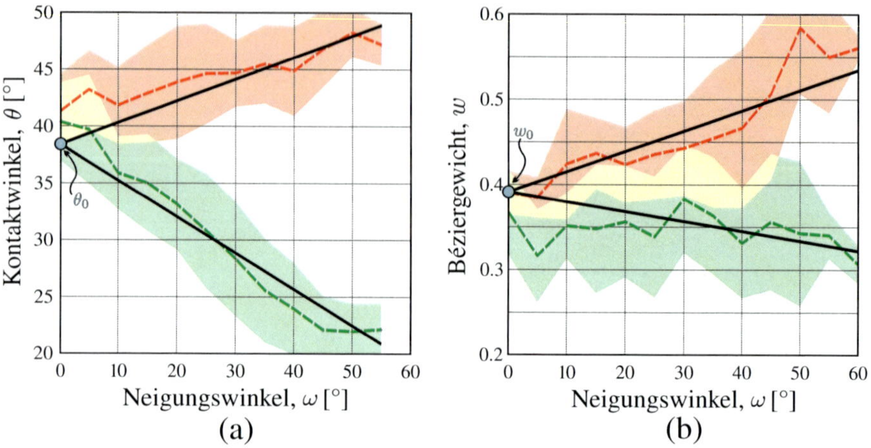

Abbildung 2.5: Verlauf von Kontaktwinkel (a) und Béziergewichte (b) über den Neigungswinkel der Windschutzscheibe für ein Regentropfenvolumen von $V = 10\mu l$; Der schattierte Bereich illustriert jeweils eine $\pm\sigma$ Umgebung; Weitere Ergebnisse sind in Kapitel A.1 dargestellt.

Bézierflächen bieten durch Berücksichtigung von variabel gekrümmten Oberflächen und unterschiedlichen Kontaktwinkeln für die fortschreitende und rückschreitende Tropfenfront eine wesentlich genauere Modellierung als Kugelkappen. Dennoch sind Bézierflächen niedrig-dimensional und einfach anwendbar.

Bestimmung der Modellparameter

Der Kontaktwinkel von Regenwasser auf ebenen Glasoberflächen wurde experimentell durch Anlegen einer Tangente im Dreiphasenpunkt (Gas-Feststoff-Flüssigkeit) ermittelt. Es wurden insgesamt 66 Regentropfen mit einem Volumen von $1 - 20\mu l$ untersucht. Eine detaillierte Beschreibung des Experiments ist in Kapitel A.1 gegeben. Lokale Imperfektionen der Oberfläche verursachen selbst bei ebenen Festkörperoberflächen eine gewisse Variabilität des Kontaktwinkels. Dennoch kann für ebene Flächen die Young'sche Gleichung validiert werden, dass das Benetzungsverhalten einzig von den Materialeigenschaften und der Oberflächenbeschaffenheit beeinflusst wird. Kapitel A.1 zeigt für unterschiedliche Tropfenvolumen einen annähernd konstanten Kontaktwinkel $\theta_0 \approx 38{,}4°$, der in der vorliegenden Arbeit für die Modellierung von Kugelkappen verwendet wird.

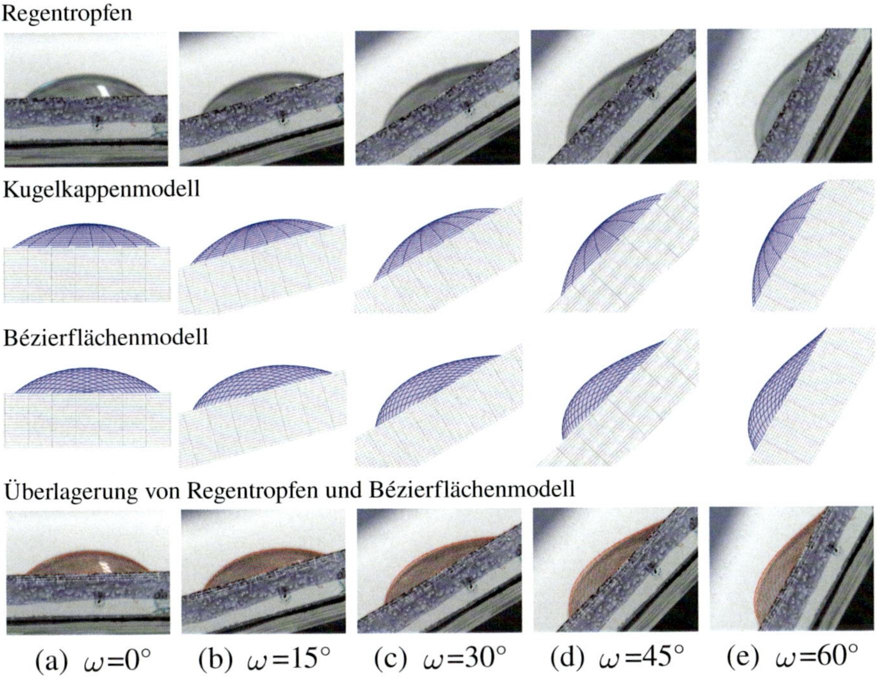

Abbildung 2.6: Regentropfen mit Volumen 10µl (oben) zusammen mit Kugelkappen- und Bézierflächenmodellen (mitte) für verschiedene Neigungswinkel ω der Windschutzscheibe (a-e); Überlagerung der Regentropfen mit Bézierflächenmodellen (unten).

Zur Parametrisierung des Bézierflächenmodells wurden zusätzlich die Kontaktwinkel von insgesamt 737 Tropfen mit einem Volumen von $1 - 20\mu$l unter Neigungswinkeln von 0 bis $65°$ untersucht. Die Verläufe von fortschreitendem und rückschreitendem Kontaktwinkel $\theta_{\text{f}}(V, \omega), \theta_{\text{r}}(V, \omega)$ sowie deren zugehörigen Gewichten $w_{\text{f}}(V, \omega), w_{\text{r}}(V, \omega)$ wurden mittels M-Estimator unter der Nebenbedingung $\theta(V, \omega = 0°) = \theta_0$ geschätzt. Abbildung 2.5(a) und (b) verdeutlichen, dass ein lineares Modell den Verlauf der Parameter in guter Näherung beschreibt. Darüber hinaus zeigen die experimentellen Ergebnisse in Abbildung 2.5(a) eine gute Übereinstimmung mit [Neu64], der für Wassertropfen auf Glasoberflächen einen maximalen Kontaktwinkel θ_{max} von $55°$ postuliert.

Modellvergleich

Abbildung 2.6 zeigt die Seitenansicht eines Regentropfen mit $V = 10\mu l$ auf verschieden geneigten Windschutzscheiben, zusammen mit ihren Kugelkappen- und Bézierflächenmodellen. Während Regentropfen auf ebenen Oberflächen ausreichend genau mit Kugelkappen modelliert werden können, ergeben sich für steigende Neigungswinkel große Formabweichungen der Kugelkappenmodelle zur realen Tropfenform. Im Gegensatz dazu bilden Bézierflächenmodelle den realen Regentropfen für jede Neigung akkurat ab. Dies wird insbesondere bei großen Neigungswinkeln deutlich, wie sie in Abbildung 2.6(e) gezeigt werden.

Das Wichtigste in Kürze:

- Die Marshall-Palmer-Verteilung ermöglicht eine explizite Modellierung der Verteilungsdichte $f_D(D)$ von Regentropfen für unterschiedliche Niederschlagsraten R. Dadurch kann das zu modellierende Regentropfenvolumen auf $0 < V < 20\mu l$ beschränkt werden.
- Der Kontaktwinkel θ_0 von Flüssigkeitstropfen auf ebenen Flächen wird idealerweise einzig durch Materialeigenschaften und Oberflächenbeschaffenheit beeinflusst. Er ist annähernd konstant und unabhängig vom Tropfenvolumen V.
- In der Realität verursachen lokale Imperfektionen der Festkörperoberfläche und Verunreinigungen der Flüssigkeit eine Streuung des Kontaktwinkels. Bei Neigung der Oberfläche treten Schubspannungen auf, die zu einer Kontaktwinkelhysterese $\Delta\theta = \theta_f - \theta_r, \Delta\theta \geq 0$ führen.
- Für die Erkennung von Regentropfen auf Kfz-Windschutzscheiben eignen sich Bézierflächenmodelle mit sieben Freiheitsgraden, die im Rahmen dieser Arbeit vollständig experimentell bestimmt werden konnten.

Anwendung:

$\hookrightarrow$ Kapitel 3.3.2: Regentropfenhypothesen
$\hookrightarrow$ Kapitel 3.3.4: A-Priori-Wahrscheinlichkeitsverteilung

2.2 Kameramodellierung

Eine Kamera bildet einen Objektpunkt von der dreidimensionalen Welt auf eine zweidimensionale Bildebene ab. Das Erscheinungsbild eines Regentropfens im Bild wird entscheidend durch physikalische Effekte während dieses Abbildungsprozesses geprägt. Zunächst ist die Wahl einer geeigneten, mathematischen Beschreibung zur allgemeinen Modellierung dieses Abbildungsprozesses notwendig.

Kapitel 2.2.1 führt das projektive Kameramodell ein. Es stellt eine gute Näherung an Optiken mit moderatem Öffnungswinkel dar. Eine infinitesimal kleine Lochblende führt hierbei zu unendlicher Schärfentiefe. Ein Regentropfen auf der Windschutzscheibe befindet sich jedoch jenseits des Schärfentiefenbereichs des Kamerasystems. Das führt zu einer typischen Unschärfe seiner Abbildung, welche durch dieses Modell nicht berücksichtigt werden kann. Daher ergänzt Kapitel 2.2.2 ein Modell zur mathematischen Beschreibung von Unschärfeeffekten in realen, optischen Messsystemen. Kapitel 2.2.2 modelliert abschließend die Unschärfe von Regentropfen jenseits des Schärfetiefenbereichs der Kamera.

2.2.1 Zentralprojektion

Der Abbildungsprozess eines optischen Systems wird häufig basierend auf dem Lochkameramodell beschrieben [Har04, Jäh05]. In diesem Modell passieren alle in die Kamera einfallenden Sichtstrahlen eine infinitesimal kleine Lochblende, das optische Zentrum $\boldsymbol{C}$, wodurch jeder 3D Szenenpunkt in Kamerakoordinaten $\boldsymbol{X}_{\mathrm{K}}$ auf einen eindeutigen Bildpunkt $\boldsymbol{x}$ in der Bildebene abgebildet wird.

$$\boldsymbol{X}_{\mathrm{K}} = \begin{bmatrix} X_{\mathrm{K}} \\ Y_{\mathrm{K}} \\ Z_{\mathrm{K}} \end{bmatrix} \mapsto \begin{bmatrix} \frac{f X_{\mathrm{K}}}{Z_{\mathrm{K}}} \\ \frac{f Y_{\mathrm{K}}}{Z_{\mathrm{K}}} \end{bmatrix} = \boldsymbol{x} \tag{2.27}$$

Bei Skalierung der Bildpunkte auf eine normalisierte Bildebene mit Abstand $f = 1$ zum optischen Zentrum spricht man von den normalisierten Bildkoordinaten $\boldsymbol{x}_{\mathrm{N}}$. Zur mathematischen Beschreibung dieses in Abbildung 2.7 illustrierten Abbildungsprozesses spielen homogene Koordinaten eine fundamentale Rolle. Die homogenen Koordinaten eines n-dimensionalen Raumpunktes sind definiert als die Menge aller Punkte, die auf einem $n+1$-dimensionalen Projektionsstrahl durch das optische Zentrum $\boldsymbol{C}$ und diesen Raumpunkt liegen. Für den 2D Bildpunkt $\boldsymbol{x}_{\mathrm{N}} = [x_{\mathrm{N}}, y_{\mathrm{N}}]^{\mathrm{T}}$ aus Abbildung 2.7 liegen beispielsweise die homogenen Koordinaten als 3D Vektor der Form $\mathsf{x}_{\mathrm{N}} = \lambda[x_{\mathrm{N}}, y_{\mathrm{N}}, 1]^{\mathrm{T}}$ vor.

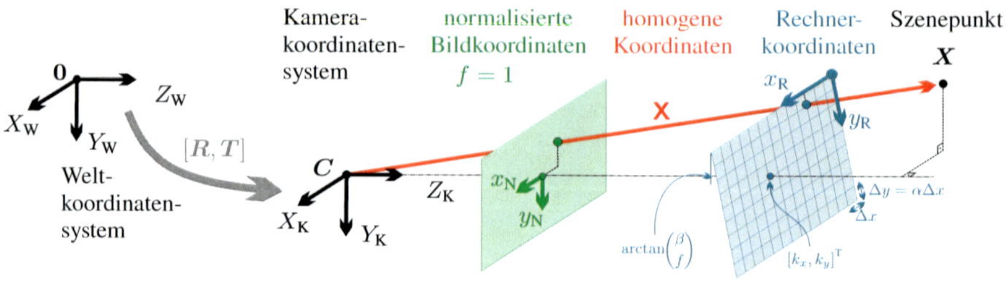

Abbildung 2.7: Perspektivischer Abbildungsprozess einer Lochkamera und Definition der verwendeten Koordinatensysteme.

Homogene Koordinaten werden im Folgenden durch eine serifenlose Schreibweise (z.B. $\mathsf{x}_N, \mathsf{X}_K$) von ihren Projektionspunkten (z.B. $\boldsymbol{x}_N, \boldsymbol{X}_K$) unterschieden.

Eine wichtige Eigenschaft von homogenen Koordinaten ist, dass sie per Definition die Projektionsgleichung erfüllen, die besagt, dass zwei Objektpunkte X und Y genau dann identisch sind, wenn sie durch Skalierung ineinander überführt werden können

$$\mathsf{X} \simeq \mathsf{Y} \iff \exists \lambda \in \mathbb{R} \setminus \{0\} : \mathsf{X} = \lambda \mathsf{Y}. \tag{2.28}$$

Darüber hinaus ermöglichen homogene Koordinaten eine kompakte Matrixdarstellung von affinen Transformationen, die sich insbesondere in der Robotik [Har04] als besonders nützlich erwiesen hat. Der Übergang von Welt- zu Kamerakoordinaten mit Rotationsmatrix $\boldsymbol{R}$ und Translationsvektor $\boldsymbol{T}$

$$\boldsymbol{X}_K = \boldsymbol{R}\boldsymbol{X}_W + \boldsymbol{T} \tag{2.29}$$

wird hierdurch zu einer einzigen Transformationsmatrix $[\boldsymbol{R}, \boldsymbol{T}]$ zusammengefasst, die alle extrinsischen Parameter für das Abbildungsmodell enthält

$$\mathsf{X}_K = [\boldsymbol{R}, \boldsymbol{T}]\, \mathsf{X}_W \qquad [\boldsymbol{R}, \boldsymbol{T}] = \begin{bmatrix} \boldsymbol{R} & \boldsymbol{T} \\ \boldsymbol{0} & 1 \end{bmatrix}. \tag{2.30}$$

Gleiches gilt für die Überführung von homogenen, normalisierten Bildkoordinaten x_N in Rechnerkoordinaten x_R

$$\mathsf{x}_R = \boldsymbol{K}\mathsf{x}_N \qquad \boldsymbol{K} = \begin{bmatrix} f_{\text{pix}} & \beta & c_x \\ 0 & \alpha f_{\text{pix}} & c_y \\ 0 & 0 & 1 \end{bmatrix}, \tag{2.31}$$

wobei $\boldsymbol{K}$ als Kalibriermatrix bezeichnet wird und alle intrinsischen Parameter beinhaltet. Diese sind die Brennweite f_{pix} in Pixeln, der Bildhauptpunkt $\boldsymbol{c} = [c_x, c_y]^{\text{T}}$, das Seitenlängenverhältnis α der Kamerapixel sowie der Parameter β zur Quantifizierung des Scherwinkels der Bildebene. Aus den Gleichungen (2.28)-(2.31) ergibt sich abschließend das generelle, projektive Kameramodell für die Abbildung eines 3D Szenenpunktes $\mathbf{X}_{\text{W}}$ auf 2D Rechnerkoordinaten $\mathbf{x}_{\text{R}}$ zu

$$\mathbf{x}_{\text{R}} \simeq \boldsymbol{P}\mathbf{X}_{\text{W}} \qquad \boldsymbol{P} = \boldsymbol{K} \begin{bmatrix} 1 & 0 & 0 & 0 \\ 0 & 1 & 0 & 0 \\ 0 & 0 & 1 & 0 \end{bmatrix} [\boldsymbol{R}, \boldsymbol{T}] \,, \tag{2.32}$$

wobei die 3×4 Matrix $\boldsymbol{P}$ als Projektionsmatrix bezeichnet wird und sowohl intrinsische als auch extrinsische Kameraparameter beinhaltet.

Die Annahme einer infinitesimal kleinen Lochblende führt beim projektiven Kameramodell zu einer theoretisch unendlichen Schärfentiefe. Wenngleich diese Eigenschaft für reale optische Systeme nicht exakt zutrifft, so stellt sie doch in vielen Fällen mit Gegenstandweiten $g \gg f$ und Optiken mit moderatem Öffnungswinkel eine gute Näherung dar. Gegenstände im Nahbereich der Kamera, insbesondere Regentropfen auf der Windschutzscheibe, rufen jedoch eine immense Modellverletzung hervor. Daher ist für die Detektion von Regentropfen eine explizite Betrachtung der Bildschärfe notwendig.

2.2.2 Reales optisches System

Die Abbildungsgleichung der geometrischen Optik für dünne Linsen besagt, dass bei gegebener Brennweite f und Bildweite b nur diejenigen Objekte scharf abgebildet werden, die sich in der fokussierten Gegenstandsweite g zur Kameralinse befinden. Diese Annahme ist für Regentropfen im Nahbereich der Kamera nicht erfüllt. Aus Abbildung 2.8(a) ergibt sich die Abbildungsgleichung für Objekte außerhalb der Gegenstandsweite zu

$$\frac{1}{f} = \frac{1}{b + \Delta b} + \frac{1}{g - \Delta g}. \tag{2.33}$$

Demnach erfolgt die Abbildung eines Punktes B im Nahbereich der Kamera nicht punktförmig, sondern als Unschärfescheibchen mit dem Durchmesser ϵ. Aus geometrischen Beziehungen folgt

$$\epsilon = \frac{\Delta g f^2}{O(g - \Delta g)(g - f)} = \frac{\Delta g f^2}{O g'(g - f)}, \tag{2.34}$$

wobei $O = \frac{f}{D}$ die Blendenzahl und g' die Objektentfernung bezeichnet.

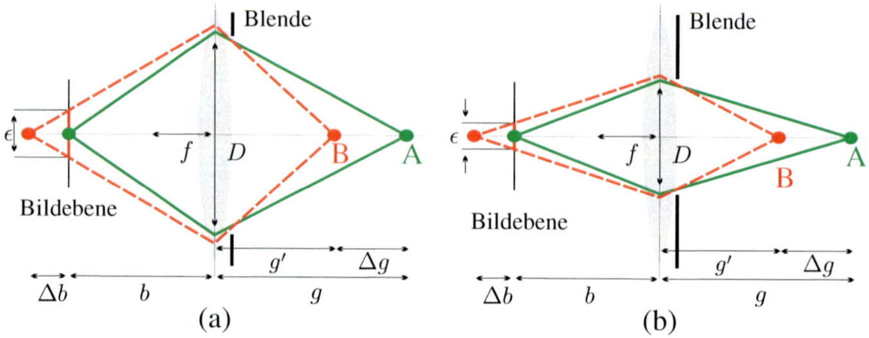

Abbildung 2.8: Wird Punkt A in der Gegenstandsweite g scharf abgebildet, erfolgt die Abbildung von Punkt B außerhalb des Schärfentiefenbereichs der Kamera als Unschärfescheibchen mit Durchmesser ϵ (a); Abblenden verringert ϵ (b).

2.2.3 Unschärfe von Regentropfen

In der Robotik und in ITS-Anwendungen finden im Allgemeinen Objektive mit kleinen Abbildungsmaßstäben $g \gg f$ Anwendung. Für Objekte im Nahbereich der Kamera $g' \ll g$ ist eine Approximation von (2.34) wie folgt gegeben:

$$\epsilon \approx \frac{f^2}{Og'}. \tag{2.35}$$

Demnach wird die Unschärfe der Abbildung maßgeblich durch die Entfernung g' der Regentropfen zur Kamera, die Brennweite f und die gewählte Blende O beeinflusst. Die fokussierte Gegenstandsweite g spielt hingegen eine zu vernachlässigende Rolle (Abbildung 2.9(a)).

Wie in Abbildung 2.9(b) gezeigt, steigt die Unschärfe mit abnehmender Distanz der Kamera zur Windschutzscheibe stark an. Eine Variation der Brennweite für verschiedene Kombinationen aus Blende und Einbaugeometrie ist in Abbildung 2.9(c) gegeben. Seriennahe Einbaugeometrien ($g' = 0{,}03$m) führen für Normalobjektive ($f = 6$mm$, O = 1{,}4$) zu einer betragsmäßig großen Unschärfe, wodurch störende Effekte von Regentropfen bereits beim Bildaufnahmeprozess vermindert werden. Kleinere Brennweiten begünstigen die visuelle Umfeldwahrnehmung durch Erweiterung des Erfassungsbereichs der Kamera, führen jedoch zur einer schärferen Abbildung von Regentropfen, wodurch sich das Störpotenzial drastisch erhöht. Sie sind zudem mit größeren Blendenzahlen und Bauraumanforderungen verbunden, was diesen Effekt zusätzlich verstärkt (Abbildung 2.9(c)).

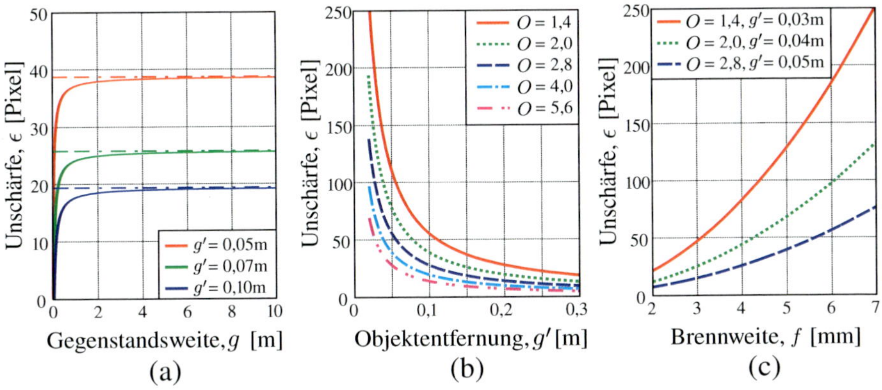

Abbildung 2.9: Verlauf der Unschärfe in Abhängig von der Gegenstandsweite (für $f = 6\text{mm}$ und $O = 4$) (a); Einfluss der Tropfenentfernung für die verwendete Kamera Hardware ($f = 6\text{mm}, g = 50\text{m}$) (b); Einfluss der Brennweite auf die Unschärfe von Regentropfen für unterschiedliche Blendenzahlen und Kamera-Einbaugeometrien ($g = 50\text{m}$) (c).

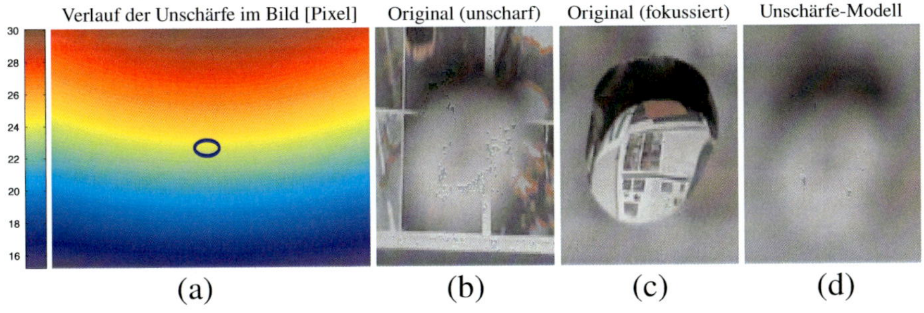

Abbildung 2.10: Verlauf der Unschärfe ϵ für eine geneigte Windschutzscheibe (a); Regentropfen jenseits des Schärfentiefenbereichs (b) und fokussierter Regentropfen (c); Simulierte Unschärfe (d); Versuchsaufbau aus Kapitel A.2.

Für eine geneigte Windschutzscheibe ergibt sich somit eine Unschärfe variabler Ausprägung, wie sie in Abbildung 2.10(a) dargestellt ist. Regentropfen im oberen Bereich des Kamerabildes erscheinen aufgrund ihrer geringen Distanz zur Kamera unschärfer als Regentropfen im unteren Teil des Bildes. Abbildung 2.10(b-d) vergleicht die Abbildung eines unscharfen Regentropfens (b) mit seinem simulierten Erscheinungsbild (d), das durch Faltung einer fokussierten Regentropfenabbildung (c) mit einem positions- und kameraspezifischen Unschärfescheibchen aus (a) generiert wurde. Es zeigt sich eine gute Übereinstimmung.

Das Wichtigste in Kürze:

- Unschärfe ist allein positions- und kameraspezifisch. Sie ist invariant gegenüber Änderungen der Form und des Erscheinungsbildes des Regentropfens und stellt daher ein geeignetes und markantes Merkmal dar.
- Der Durchmesser des Unschärfescheibchens ϵ ist als Funktion von Regentropfenentfernung g', Brennweite f und gewählter Blende O gegeben.
- Für eine geneigte Windschutzscheibe ergibt sich eine charakteristische Unschärfe variabler Ausprägung, wie sie in Abbildung 2.10(a) dargestellt ist.

Anwendung:

$\hookrightarrow$ Kapitel 3.3.1: Vordetektion und Segmentierung
$\hookrightarrow$ Kapitel 3.3.2: Regentropfenhypothesen

2.3 Methode der Strahlverfolgung

Ein Regentropfen auf der Windschutzscheibe kann als flüssigkeitsgefüllter Volumenkörper von hoher Lichtdurchlässigkeit mit einem von Luft verschiedenen Brechungsindex beschrieben werden. Er teilt sich einerseits eine plane Kontaktfläche zur Windschutzscheibe und grenzt sich andererseits durch eine konvex gekrümmte Oberfläche zum Medium Luft ab. In diesem Kontext ähnelt er einer plankonvexen Linse in einer optischen Baugruppe. Die Sichtstrahlen durch diesen Volumenkörper werden an den verschiedenen Übergängen zwischen zwei Medien mehrfach gebrochen und sein charakteristisches Erscheinungsbild wird maßgeblich durch den Szenenhintergrund bestimmt [Hal09, Gay10b]. Zur Simulation realistischer Regentropfenmuster findet die Methode der Strahlverfolgung (engl. *Raytracing*) Anwendung.

Unter dem Prinzip der Strahlverfolgung versteht man eine Simulation der Ausbreitung von Lichtstrahlen durch eine 3D Szene mit Hilfe der optischen Brechungsgesetze. Es umfasst sowohl die Simulation des Aussehens von Oberflächen aufgrund ihrer Materialeigenschaften als auch die Berechnung der Lichtverteilung innerhalb einer Szene [Pha10]. Eine breite Anwendung erfährt dieses Prinzip bei der Erzeugung fotorealistischer Szenen in der 3D-Computergrafik [Gla89, Wan05, Stu07].

In dieser Arbeit wird der Begriff der Strahlverfolgung auf die Vorhersage des geometrischen Strahlengangs und die Korrektur des radiometrischen Erscheinungsbildes mit Hilfe der Fresnel'schen Gleichungen beschränkt. Die geometrischen und radiometrischen Grundlagen werden zunächst in Kapitel 2.3.1 und Kapitel 2.3.2 besprochen. Kapitel 2.3.3 vergleicht schließlich die simulierten Regentropfenmuster für verschiedene Oberflächenmodelle mit realen Beobachtungen aus dem experimentellen Versuchsaufbau aus Kapitel A.2.

2.3.1 Strahlenoptik

Die geometrische Optik, oder auch Strahlenoptik genannt, gibt Aufschluss über die Position der Abbildung eines 3D Szenenobjektes auf dem Sensor. Ihr liegt die Annahme eines geometrisch-optischen Lichtstrahls als Lichtbündel mit unendlich kleinem Querschnitt zugrunde, das sich geradlinig und ohne Aufweitung ausbreitet. Es stellt folglich eine mathematische Gerade im dreidimensionalen Raum dar, die an einer Grenzfläche zwischen zwei homogenen Medien unterschiedlicher Brechungsindizes gemäß des Reflexions- bzw. Snellius'schen Brechungsgesetzes reflektiert, gebrochen oder aufgespaltet wird. Sämtliche Welleneigenschaften des Lichtes werden hierbei vernachlässigt [Pér96, Hec05].

Sei $\boldsymbol{u}$ ein senkrecht auf der Grenzfläche zwischen zwei homogenen Medien stehender Einheitsvektor, $\boldsymbol{k}_\mathrm{i}$ der Einheitsvektor des einfallenden Lichtstrahls im ersten Medium mit Brechungsindex n_i und $\boldsymbol{k}_\mathrm{t}$ der Einheitsvektor des gebrochenen Lichtstrahls im zweiten Medium mit Brechungsindex n_t. Dann ist nach [Hec05] das Snellius'sche Brechungsgesetz in vektorieller Form gegeben zu

$$n_\mathrm{i}\left(\boldsymbol{k}_\mathrm{i} \times \boldsymbol{u}\right) = n_\mathrm{t}\left(\boldsymbol{k}_\mathrm{t} \times \boldsymbol{u}\right). \tag{2.36}$$

Nach dem Entwicklungssatz ergibt das linksseitige Kreuzprodukt von $\boldsymbol{u}$ mit (2.36)

$$\left(n_\mathrm{t}\boldsymbol{k}_\mathrm{t} - n_\mathrm{i}\boldsymbol{k}_\mathrm{i}\right) = \left(n_\mathrm{t}\cos\alpha_\mathrm{t} - n_\mathrm{i}\cos\alpha_\mathrm{i}\right)\boldsymbol{u}, \tag{2.37}$$

woraus folgt, dass $\boldsymbol{k}_\mathrm{t}$ als Linearkombination aus einfallendem Lichtstrahl $\boldsymbol{k}_\mathrm{i}$ und Oberflächennormalen $\boldsymbol{u}$ vorliegt

$$\boldsymbol{k}_\mathrm{t} = \frac{\left(n_\mathrm{i}\boldsymbol{k}_\mathrm{i} + (n_\mathrm{t}\cos\alpha_\mathrm{t} - n_\mathrm{i}\cos\alpha_\mathrm{i})\boldsymbol{u}\right)}{n_\mathrm{t}}. \tag{2.38}$$

Die Gleichung (2.38) verdeutlicht eine wichtige Eigenschaft des Snellius'schen Brechungsgesetzes: der gebrochene Lichtstrahl $\boldsymbol{k}_\mathrm{t}$ liegt stets in einer von $\boldsymbol{k}_\mathrm{i}$ und

$\boldsymbol{u}$ aufgespannten Ebene, der sogenannten Einfallsebene. In dieser Einfallsebene vereinfacht sich das Snellius'sche Brechungsgesetz aus (2.36) zu

$$n_\mathrm{i} \sin \alpha_\mathrm{i} = n_\mathrm{t} \sin \alpha_\mathrm{t}, \tag{2.39}$$

wobei der von $\boldsymbol{u}$ und $\boldsymbol{k}_\mathrm{i}$ eingeschlossene Winkel α_i als Einfallswinkel und der von $\boldsymbol{u}$ und $\boldsymbol{k}_\mathrm{t}$ eingeschlossene Winkel α_t als Brechungswinkel bezeichnet wird.

Reflexion und Brechung sind die grundlegenden Prinzipien der Strahlenoptik. Das Reflexionsgesetz wird an dieser Stelle nicht diskutiert, da die Verfolgung des reflektierten Strahls für die Simulation eines Regentropfenmusters irrelevant ist. Dennoch spielt die prozentuale Aufteilung des Lichts in reflektierten und gebrochenen Anteil eine wichtige Rolle für das radiometrische Erscheinungsbild der Abbildung.

2.3.2 Radiometrie

Während die Strahlenoptik die geometrische Position der Abbildung eines 3D Szenenpunktes bestimmt, kann mit Hilfe der Radiometrie gemessen werden, wie viel Strahlungsenergie von einem 3D Szenenpunkt mit einem Sensor aufgenommen werden kann [Jäh05]. Zunächst werden die benötigten radiometrischen Größen im Zusammenhang mit dem Aufnahmeprozess eines Kamerasensors eingeführt.

Grundgrößen

Der Strahlungsfluss Φ quantifiziert den Fluss der Energie Q pro Zeiteinheit in einem Strahlenbündel

$$\Phi = \frac{\mathrm{d}Q}{\mathrm{d}t}. \tag{2.40}$$

Die Strahlungsflussdichte E ist definiert als Strahlungsfluss pro Fläche

$$E = \frac{\mathrm{d}^2 Q}{\mathrm{d}A\, \mathrm{d}t} = \frac{\mathrm{d}\Phi}{\mathrm{d}A}. \tag{2.41}$$

In [Jäh05] wird nach der Flussrichtung unterschieden, wobei das Auftreffen eines Strahlungsflusses auf eine Oberfläche als Bestrahlungsstärke, eine Emission durch ein Oberflächenelement als Strahlungsflussdichte bezeichnet wird. Diese begriffliche Unterscheidung wird in der vorliegenden Arbeit nicht explizit getroffen.

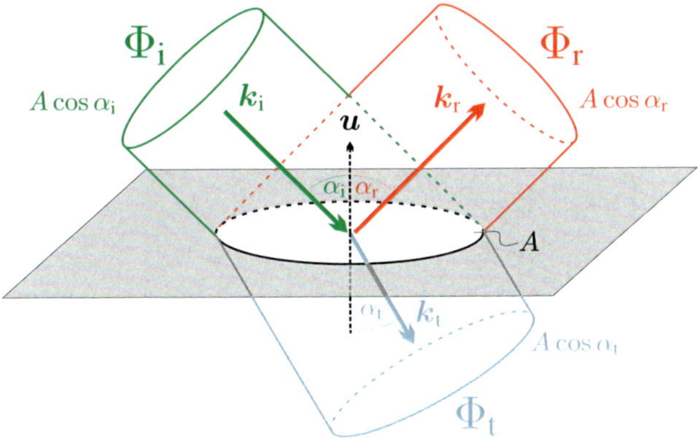

Abbildung 2.11: Reflexion und Brechung eines Strahlenbündels [Hec05]

Reflexions- und Transmissionsgrad

Abbildung 2.11 zeigt eine schematische Darstellung, wie die Strahlungsenergie eines Lichtbündels beim Auftreffen auf eine Grenzfläche anteilig reflektiert und gebrochen wird. Sei A ein kreisrundes Oberflächenelement auf einer Grenzfläche, das von einem Lichtbündel beleuchtet wird und bezeichne Φ_i, Φ_r bzw. Φ_t den einfallenden, reflektierten bzw. gebrochenen Strahlungsfluss, dann besteht nach dem Energieerhaltungssatz unter Vernachlässigung von Absorptionsvorgängen ein Gleichgewicht zwischen einfallendem und ausfallendem Strahlungsfluss

$$1 = \frac{\Phi_r}{\Phi_i} + \frac{\Phi_t}{\Phi_i}. \tag{2.42}$$

Hieraus gehen direkt die Definitionen des Reflexionsgrades R und des Transmissionsgrades T als Quotienten aus reflektiertem und einfallendem, bzw. aus gebrochenem und einfallendem Strahlungsfluss hervor:

$$R = \frac{\Phi_r}{\Phi_i} = \frac{E_r A \cos \alpha_r}{E_i A \cos \alpha_i} = \frac{E_r}{E_i} \tag{2.43}$$

$$T = \frac{\Phi_t}{\Phi_i} = \frac{E_t A \cos \alpha_t}{E_i A \cos \alpha_i}, \tag{2.44}$$

wobei für den Reflexionswinkel $\alpha_r = \alpha_i$ gilt. Ist das eintreffende Licht unpolarisiert, kann es durch zwei orthogonale, inkohärente, amplitudengleiche Polarisationszustände beschrieben werden[1] [Hec05]. Der Reflexionsgrad R von unpolarisiertem Licht berechnet sich als Mittelwert der Fresnel'schen Gleichungen zu

$$R = \frac{R_{\|} + R_{\perp}}{2} \tag{2.45}$$

$$R_{\|} = \frac{\tan^2(\alpha_\mathrm{i} - \alpha_\mathrm{t})}{\tan^2(\alpha_\mathrm{i} + \alpha_\mathrm{t})} \tag{2.46}$$

$$R_{\perp} = \frac{\sin^2(\alpha_\mathrm{i} - \alpha_\mathrm{t})}{\sin^2(\alpha_\mathrm{i} + \alpha_\mathrm{t})}, \tag{2.47}$$

wobei $R_{\|}$ und $R_{\perp}$ die Anteile von parallel polarisiertem und orthogonal polarisiertem Licht bezeichnen [Jäh05].

Totalreflexion

Beim Übergang eines Lichtstrahls ins optisch dünnere Medium mit kleinerem Brechungsindex $n_\mathrm{t} < n_\mathrm{i}$ kann der Strahl ab einem kritischen Einfallswinkel, dem sogenannten Grenzwinkel α_c, das Ursprungsmedium nicht mehr verlassen. Es tritt Totalreflexion auf

$$\alpha_\mathrm{c} = \arcsin \frac{n_\mathrm{t}}{n_\mathrm{i}} \qquad (n_\mathrm{t} < n_\mathrm{i}). \tag{2.48}$$

Ein Vergleich von (2.48) mit (2.39) zeigt, dass der Grenzwinkel α_c genau derjenige Einfallswinkel α_i ist, für den $\alpha_\mathrm{t} = 90°$ wird. Für alle $\alpha_\mathrm{i} > \alpha_\mathrm{c}$ wird die gesamte ankommende Strahlungsenergie in das Eintrittsmedium zurückgeworfen [Hec05].

Radiometrie des Aufnahmeprozesses

Während des Aufnahmeprozesses eines Kamerasensors integriert jedes Sensorelement mit Fläche A_Pix die auftreffende Bestrahlungsstärke E über die Belichtungszeit T_e, und wandelt die aufgenommene Strahlungsenergie in einen mittleren Helligkeitswert $g(\boldsymbol{x})$ für jedes Sensorelement um. Unter Annahme einer linearen

[1] Aus [Hec05]: Eine gewöhnliche Lichtquelle besteht aus einer großen Anzahl zufällig ausgerichteter atomarer Strahler, die für kurze Zeit (etwa 10^{-8}s) einen polarisierten Wellenzug aussenden. Durch Superposition entsteht eine einzige polarisierte Welle. Ändert sich die Gesamtpolarisation dieser Welle so schnell, dass die einzelnen resultierenden Polarisationszustände nicht mehr erkennbar sind, spricht man von unpolarisiertem oder natürlichem Licht. Treffender wäre jedoch die bezeichnung zufällig polarisiertes Licht.

Sensorkennlinie und unter Vernachlässigung von Störungen existiert ein proportionaler Zusammenhang zwischen radiometrischer Bestrahlungsstärke und Helligkeitswert des Kamerapixels

$$g(\boldsymbol{x}) \propto \int_{0}^{T_{\mathrm{e}}} \int_{A_{\mathrm{Pix}}} E \,\mathrm{d}A \,\mathrm{d}t. \tag{2.49}$$

Für Grenzflächen innerhalb des optischen Pfades gilt im Allgemeinen eine Transmissivität $T < 1$. Das bedeutet, dass die Strahlungsenergie auf dem Weg zum Sensorelement abgeschwächt wird, was zu einer Abnahme des aufgenommenen Helligkeitswertes führt. Sei $g_{\mathrm{i}}(\boldsymbol{x})$ der ideale Helligkeitswert eines Sensorelements ohne Interaktion des Lichtbündels mit einer Grenzfläche und $g_t(\boldsymbol{x})$ der Helligkeitswert des Sensorelements nach Minderung der Strahlungsenergie an einer Grenzfläche zwischen zwei Medien, dann ergibt sich mit (2.42) und (2.49) der Korrekturfaktor $M(\alpha_{\mathrm{i}}, \alpha_{\mathrm{t}})$ für die radiometrische Anpassung von $g_{\mathrm{i}}(\boldsymbol{x})$ an $g_{\mathrm{t}}(\boldsymbol{x})$ zu

$$M(\alpha_{\mathrm{i}}, \alpha_{\mathrm{t}}) = \frac{g_{\mathrm{t}}(\boldsymbol{x})}{g_{\mathrm{i}}(\boldsymbol{x})} = \frac{E_{\mathrm{t}}}{E_{\mathrm{i}}} = T\frac{\cos\alpha_{\mathrm{i}}}{\cos\alpha_{\mathrm{t}}} = (1-R)\frac{\cos\alpha_{\mathrm{i}}}{\cos\alpha_{\mathrm{t}}}. \tag{2.50}$$

2.3.3 Charakteristik von Regentropfen

Abbildung 2.12(a) zeigt den geometrischen Strahlengang eines 3D Szenenpunktes $\boldsymbol{P}$ durch einen Regentropfen. Der Sichtstrahl wird beim Durchwandern von Regentropfen und Windschutzscheibe mehrfach gebrochen, bevor ihn die Kamera in Punkt $\boldsymbol{p}$ auf der Bildebene sensiert. Solange keine Verdeckung des Szenenpunktes vorliegt, existiert ein Bildpunkt $\boldsymbol{q}$, der den identischen Szenenpunkt abbildet. Bei gegebenen intrinsischen Kameraparametern $\boldsymbol{K}$, relativer Einbaulage der Kamera zur Windschutzscheibe $(\boldsymbol{\xi}, \omega)$, Parametrierung des Regentropfens $(\boldsymbol{b}, V)$ und Abstand zur Szene d_{env} ist diese Punktkorrespondenz durch Anwendung von (2.36) auf alle Transitionen $\mathcal{T} = \{\boldsymbol{F}, \boldsymbol{G}, \boldsymbol{H}, \boldsymbol{I}, \boldsymbol{J}\}$ zwischen zwei Medien mit unterschiedlichen Brechzahlen gegeben

$$\boldsymbol{q} = h(\boldsymbol{p}, \boldsymbol{K}, \boldsymbol{\xi}, \omega, \boldsymbol{b}, V, d_{\mathrm{env}}) = h(\boldsymbol{p}, \boldsymbol{\Phi}), \tag{2.51}$$

mit $\boldsymbol{\Phi} = [\boldsymbol{K}, \boldsymbol{\xi}, \omega, \boldsymbol{b}, V, d_{\mathrm{env}}]^{\mathrm{T}}$. Eine ausführliche Herleitung findet sich in [Hal09]. Es gilt zu beachten, dass es sich bei Abbildung 2.12(a) um eine vereinfachte Darstellung handelt und die Transitionen $\mathcal{T}$ des dargestellten Abbildungsprozesses auf mehreren Einfallsebenen liegen. Der Normalenvektor $\boldsymbol{u}$ der Windschutzscheibe definiert zusammen mit den homogenen Koordinaten $\mathbf{p}$ die Einfallsebene des

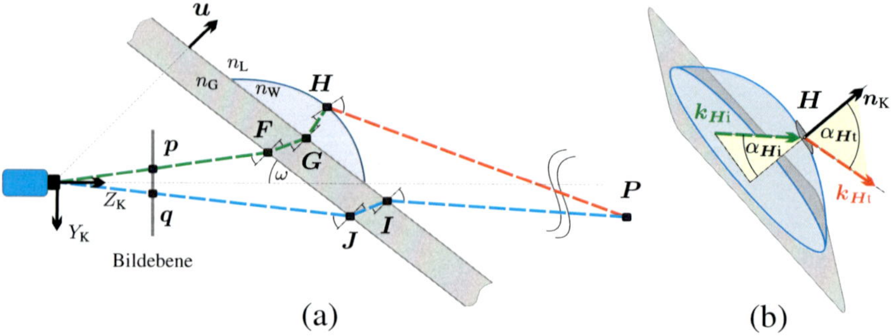

Abbildung 2.12: Doppelte Abbildung eines 3D Szenenpunktes auf der Bildebene aufgrund von Brechungseffekten in einem Regentropfen (a) und Brechung des Lichtstrahls an Regentropfenoberfläche (b), wobei $n_\mathrm{L}, n_\mathrm{G}$ und n_W die Brechungsindizes von Luft, Glas und Wasser bezeichnen.

grün dargestellten Sichtstrahls durch $\{\boldsymbol{F}, \boldsymbol{G}, \boldsymbol{H}\}$. Wie in Abbildung 2.12(b) gezeigt, erfolgt in $\boldsymbol{H}$ eine Brechung respektive des Normalenfeldes der Regentropfenoberfläche, wodurch der Sichtstrahl zum Szenenpunkt $\boldsymbol{P}$ (rot) im Allgemeinen die bisherige Einfallsebene verlässt. Die Transitionen $\{\boldsymbol{I}, \boldsymbol{J}\}$ des Sichtstrahls von $\boldsymbol{P}$ zur Kamera (blau) liegen in einer dritten, von $\boldsymbol{u}$ und $\mathbf{q}$ aufgespannten Ebene. Einfallswinkel $\alpha_{j\mathrm{i}}$ und Brechungswinkel $\alpha_{j\mathrm{t}}$, $j \in \mathcal{T}$ aus Abbildung 2.12(a) sind für alle Transitionen in ihren jeweiligen Einfallsebenen definiert.

Zur Erzeugung realistischer Regentropfenmuster ist eine radiometrische Anpassung der gefundenen Punktkorrespondenz $\boldsymbol{q} = h(\boldsymbol{p}, \boldsymbol{\Phi})$ erforderlich. Mit dem radiometrischen Korrekturfaktor[2] aus (2.50) ergibt sich eine Vorhersage des Helligkeitswertes $\hat{g}(\boldsymbol{p}, \boldsymbol{\Phi})$ zu

$$\hat{g}(\boldsymbol{p}, \boldsymbol{\Phi}) = \frac{M_{\boldsymbol{F}} M_{\boldsymbol{G}} M_{\boldsymbol{H}}}{M_{\boldsymbol{I}} M_{\boldsymbol{J}}} g(h(\boldsymbol{p}, \boldsymbol{\Phi})) = M g(h(\boldsymbol{p}, \boldsymbol{\Phi})). \tag{2.52}$$

[2]Der radiometrische Korrekturfaktor $M(\alpha_\mathrm{i}, \alpha_\mathrm{t})$ ist abhängig vom Einfalls- und Brechungswinkel des untersuchten Lichtstrahls an den jeweiligen Grenzflächen. Somit führen auch die Untersuchung unterschiedlicher Bildpunkte $\boldsymbol{p}$ zu teilweise großen Änderungen. Zwecks besserer Lesbarkeit wird jedoch in der gesamten Arbeit auf die explizite Angabe der Winkelabhängigkeiten und der daraus resultierenden Abhängigkeit von den Bildpunkten $\boldsymbol{p}$ verzichtet.

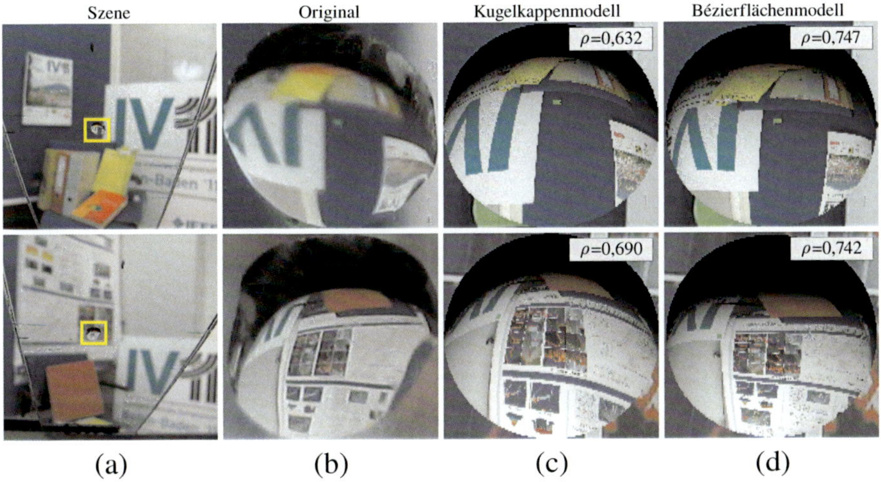

Abbildung 2.13: Fokussierte Regentropfen (a) und vergrößerte Bildausschnitte (b); Simulierte Regentropfenmuster mit Kugelkappen- (c) und Bézierflächenmodell (d); Der Korrelationskoeffizient ρ quantifiziert einen Vergleich zwischen dem Muster mit dem original Regentropfen aus (b); Versuchsaufbau aus Kapitel A.2.

Sei nun die Projektion des Regentropfens in die Bildebene eine elliptische Region $\mathcal{E}(\boldsymbol{x}, \boldsymbol{\Phi})$ mit dem Schwerpunkt $\boldsymbol{x}$ und den Radien $[r_X, r_Y]^{\mathrm{T}} = \boldsymbol{f}(\boldsymbol{x}, \boldsymbol{\Phi})$

$$\mathcal{E}(\boldsymbol{x}, \boldsymbol{\Phi}) = \left\{ \boldsymbol{p} \in \mathbb{R}^2 : \left\| \begin{bmatrix} \frac{1}{r_X} & 0 \\ 0 & \frac{1}{r_Y} \end{bmatrix} (\boldsymbol{p} - \boldsymbol{x}) \right\| \leq 1 \right\}, \tag{2.53}$$

dann bilden die Menge aller radiometrisch korrigierten Punktkorrespondenzen $\hat{g}(\boldsymbol{p})$ innerhalb dieser Region ein charakteristisches Regentropfenmuster

$$\mathcal{Q}(\boldsymbol{x}, \boldsymbol{\Phi}) = \{\hat{g}(\mathcal{E}(\boldsymbol{x}, \boldsymbol{\Phi}), \boldsymbol{\Phi})\}. \tag{2.54}$$

Abbildung 2.13 vergleicht reale Regentropfenabbildungen (b) mit simulierten Mustern für die Geometriemodelle aus Kapitel 2.1.3 (c-d). Insbesondere der vertikale Signalverlauf des Bézierflächenmusters besitzt eine deutlich höhere Abbildungsgenauigkeit als der des Kugelkappenmodells, da die variable Krümmung des Regentropfenoberfläche berücksichtigt wird. Dies resultiert in einer höheren Ähnlichkeit der Bézierflächenmusterder mit den fokussierten Regentropfen aus Abbildung 2.13(b). Der Korrelationskoeffizient beträgt $\rho = 0{,}747$ bzw. $\rho = 0{,}742$.

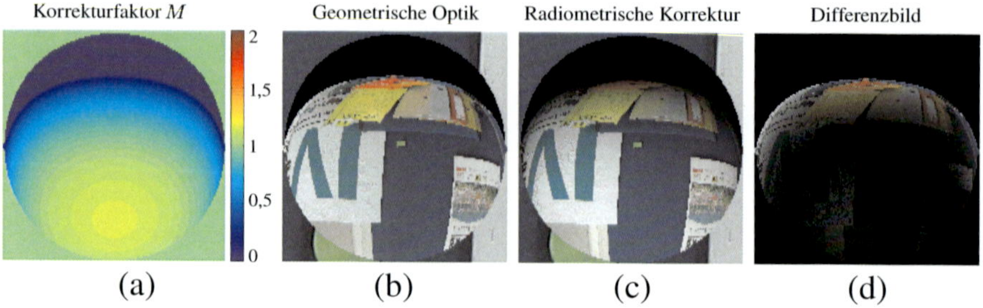

Abbildung 2.14: Radiometrischer Korrekturfaktor M (a); Simulation mittels geometrischer Optik (b); Berücksichtigung des radiometrischen Korrekturfaktors (c); Differenzbild zwischen beiden Verfahren (d).

Abbildung 2.14 zeigt den Einfluss der radiometrischen Korrektur auf das Regentropfenmuster. Während im unteren Bereich des Tropfens eine Verstärkung der Strahlungsflussdichte ($M > 1$) auftritt, nimmt die Bildhelligkeit im oberen Bereich kontinuierlich ab, bis schließlich Totalreflexion auftritt ($M = 0$). Eine Vernachlässigung der radiometrischen Effekte (Abbildung 2.14(b)) zeigt deutliche Helligkeitsunterschiede, insbesondere an der Grenze zur Totalreflexion.

Das Wichtigste in Kürze:

- Regentropfen ähneln plankonvexen Linsen auf der Windschutzscheibe. Ihr Erscheinungsbild wird durch den Szenenhintergrund bestimmt.
- Die Methode der Strahlverfolgung eignet sich zur Simulation von realistischen Regentropfenmustern aus Hintergrundinformationen.
- Eine radiometrische Korrektur der Intensitätswerte ist aufgrund der Mehrfachbrechung des Lichtstrahls insbesondere im Randbereich der Abbildung sinnvoll.
- In Kombination mit dem Bézierflächenmodell aus Kapitel 2.1.3 erzeugt das hier vorgestellte Verfahren hochgenaue und realistische Regentropfenmuster.

Anwendung:

$\hookrightarrow$ Kapitel 3.3.2: Regentropfenhypothesen

2.4 Bewegungsverhalten

Regentropfen auf der Windschutzscheibe sind Teil des Kamerareferenzsystems. Eine Bewegung der Kamera macht sich folgendermaßen bemerkbar: Während starre Szenenpunkte einer perspektivischen Bewegung in Richtung des Betrachters unterliegen, erscheinen anhaftende Regentropfen auf der Windschutzscheibe für den Betrachter als unbewegt [Gay10b]. Übersteigt indes die Windkraft auf den Regentropfen die Resultierende aus Gewichts- und Adhäsionskraft, tritt eine aufwärtsgerichtete Tropfenbewegung auf.

Dieses Phänomen wird im späteren Verlauf dieser Arbeit für die Erkennung von Regentropfen in Bildfolgen (Kapitel 4) genutzt. Zunächst gibt Kapitel 2.4.1 einen Überblick über die Epipolargeometrie zur Beschreibung perspektivischer Bewegungen von starren Szenenpunkten in der Bildebene und zeigt die Unterschiede zum typischen Bewegungsverhalten von Regentropfen auf. Kapitel 2.4.2 untersucht die Anhaftbedingung für Regentropfen auf der Windschutzscheibe unter Vernachlässigung der Windkraft. Kapitel 2.4.3 diskutiert abschließend die Dynamik von Regentropfen unter Fahrtwindeinflüssen.

2.4.1 Epipolargeometrie

Sei $[\boldsymbol{R}_{\text{ego},k}, \boldsymbol{T}_{\text{ego},k}]$ diejenige Transformationsmatrix, die die Eigenbewegung der Kamera zum Zeitschritt k beschreibt[3], dann genügt die Bewegung eines Objektpunktes $\boldsymbol{X}_{\text{K}}$ einer starren Szene von Zeitschritt k nach Zeitschritt $k+1$ der Bedingung

$$\boldsymbol{X}_{\text{K},k+1} = [\boldsymbol{R}_{\text{ego},k}, \boldsymbol{T}_{\text{ego},k}]\, \boldsymbol{X}_{\text{K},k}. \tag{2.55}$$

Der Zusammenhang zwischen den Abbildungen dieser Punkte in der Bildebene, $\boldsymbol{x}_k \leftrightarrow \boldsymbol{x}_{k+1}$, wird durch die Epipolarbedingung beschrieben

$$\boldsymbol{x}_{k+1}{}^{\text{T}} \boldsymbol{F} \boldsymbol{x}_k = 0, \tag{2.56}$$

wobei die Fundamentalmatrix $\boldsymbol{F}$ alle intrinsischen und extrinsischen Kameraparameter beinhaltet ($\boldsymbol{K}_k, \boldsymbol{K}_{k+1}, \boldsymbol{R}_{\text{ego},k}, \boldsymbol{T}_{\text{ego},k}$) und somit eine algebraische Repräsentation der kompletten Epipolargeometrie bietet [Har04].

Anschaulich ist dieser Zusammenhang in Abbildung 2.15(a) gezeigt. Der Szenenpunkt $\boldsymbol{X}$ spannt mit den optischen Zentren $\boldsymbol{C}_k$ und $\boldsymbol{C}_{k+1}$ eine Ebene $\boldsymbol{\pi}$ auf, auf

[3] Im Folgenden wird nicht zwischen der Bewegung von Kamera und Egofahrzeug unterschieden. Es wird angenommen, dass beides einen starren Körper bildet und deren Drehachsen identisch sind.

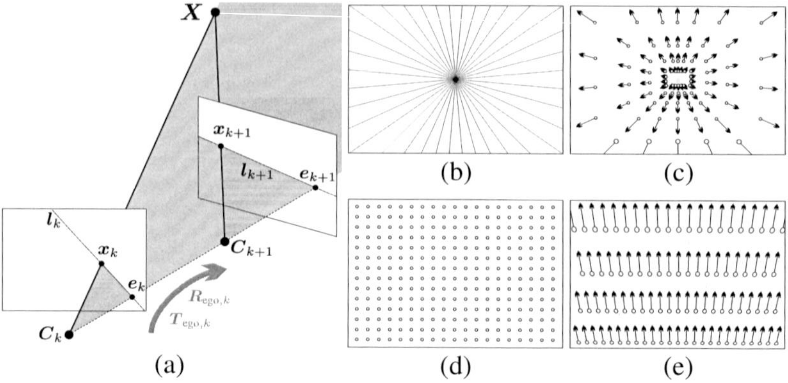

Abbildung 2.15: Epipolargeometrie aufeinanderfolgender Bilder bei einer Bewegung der Kamera (a); Epipolarlinien einer reinen Translation entlang der optischen Achse (b) mit zugehörigem Bewegungsverhalten starrer Szenenpunkte (c); Bewegungsverhalten anhaftender Regentropfen (d) und charakteristische Bewegung von aufwärts wehenden Regentropfen (e).

der die durch $\boldsymbol{x}_k$ bzw. $\boldsymbol{x}_{k+1}$ definierten Sichtstrahlen liegen müssen. Mit der Definition der Epipolarlinien $\boldsymbol{l}_k$ bzw. $\boldsymbol{l}_{k+1}$ als Schnittgeraden von $\boldsymbol{\pi}$ mit den jeweiligen Bildebenen gilt:

$$\boldsymbol{x}_k{}^{\mathrm{T}}\boldsymbol{l}_k = 0 \tag{2.57}$$

$$\boldsymbol{x}_{k+1}{}^{\mathrm{T}}\boldsymbol{l}_{k+1} = 0. \tag{2.58}$$

Die Bewegung des Bildpunktes $\boldsymbol{x}_{k+1}$ zum Zeitpunkt $k+1$ erfolgt also entlang der Epipolarlinie $\boldsymbol{l}_{k+1}$, die sich nach (2.56) aus dem vorherigen Zeitschritt ergibt: $\boldsymbol{l}_{k+1} = \boldsymbol{F}\boldsymbol{x}_k$. Aus der Lage der Ebene $\boldsymbol{\pi}$ wird ebenfalls deutlich, dass sich die Epipolarlinienscharen jeden Bildes genau einen Schnittpunkt, die Epipole $\boldsymbol{e}_k$ bzw. $\boldsymbol{e}_{k+1}$ teilen. Abbildung 2.15(b) zeigt die Epipolarlinien für eine reine Translation entlang der optischen Achse.

Ist die Tiefe der Szenenpunkte gegeben, kann bei Kenntnis der Fahrzeugeigenbewegung die Verschiebung der Bildpunkte von Zeitschritt k nach Zeitschritt $k+1$ bestimmt werden. Eine schematische Darstellung ist in Abbildung 2.15(c) gegeben. Anhaftende Regentropfen auf der Windschutzscheibe sind hingegen dem Kamerareferenzsystem zugehörig und verletzen die Epipolarbedingung deutlich. Sie erscheinen entweder wie in Abbildung 2.15(d) gezeigt unbewegt, oder die Windlast auf die Regentropfen eines bewegten Fahrzeugs bewirkt eine aufwärtsgerichtete Bewegung auf der Windschutzscheibe. Die daraus resultierende Verschiebung

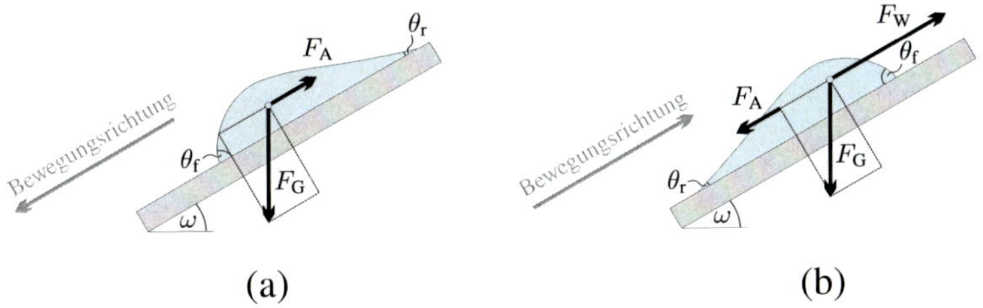

Abbildung 2.16: Statische Anhaftbedingung für Regentropfen ohne Windlast (a) und Dynamik des Regentropfens bei angreifender Windkraft (b).

der Bildpunkte ist in Abbildung 2.15(e) illustriert. In den nachfolgenden Abschnitten wird die Anhaftbedingung von Regentropfen sowie deren Dynamik aufgrund der Fahrtwindanströmung näher betrachtet.

2.4.2 Anhaftbedingung

Wenn Regentropfen an der Windschutzscheibe anhaften, gehören sie dem Referenzsystem der Kamera an und erscheinen in der Bildebene als unbewegt. Abhängig vom Neigungswinkel der Scheibe rinnt ein Tropfen ab einem bestimmten Volumen V_{max} nach unten.

Unter Vernachlässigung von extern angreifenden Kräften kann das in Abbildung 2.16(a) illustrierte Kräftegleichgewicht für anhaftende Regentropfen formuliert werden. Ein Regentropfen haftet an der Windschutzscheibe solange der Anteil seiner Gewichtskraft parallel zur Scheibe $F_{\text{G}} \sin \omega$ dessen Adhäsionskraft F_{A} nicht übertrifft.

$$F_{\text{G}} \sin \omega = \rho_{\text{W}} V g \sin \omega \leq F_{\text{A}}. \tag{2.59}$$

Die Adhäsionskraft F_{A} eines Tropfens ist in [Dus83, Dus85] gegeben zu

$$F_{\text{A}} = 2\gamma_{\text{W}} r \left(\cos \theta_{\text{r}}^{\text{min}} - \cos \theta_{\text{f}}^{\text{max}} \right), \tag{2.60}$$

wobei r den Radius der kreisförmigen Kontaktfläche des Tropfens, $\theta_{\text{r}}^{\text{min}}$ den minimalen rückschreitenden Kontaktwinkel, $\theta_{\text{f}}^{\text{max}}$ den maximalen fortschreitenden Kontaktwinkel und γ_{W} die Oberflächenspannung von Wasser auf einer Glasoberfläche bezeichnen.

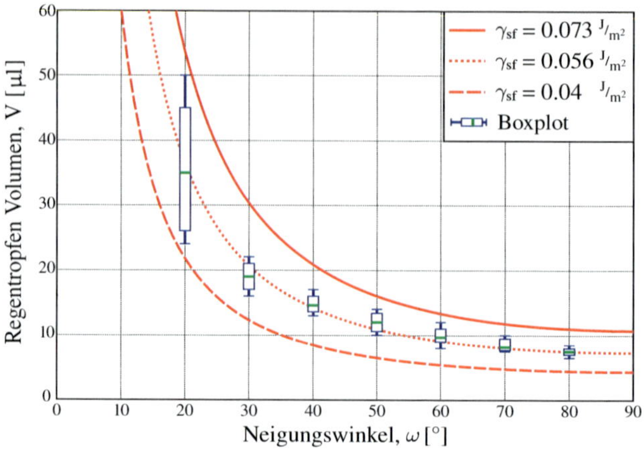

Abbildung 2.17: Anhaftenbedingung für Regentropfen und experimentelle Ergebnisse; Der Versuchsaufbau ist in Kapitel A.3 beschrieben.

Einsetzen von (2.11)-(2.13) und (2.60) in (2.59) ergibt die volumenbezogene Bedingung für anhaftende Regentropfen

$$V \leq \sqrt{\frac{24}{\pi(1-\cos\theta)^2(2+\cos\theta)}\left(\frac{\gamma_W \sin\theta\,(\cos\theta_r^{min} - \cos\theta_f^{max})}{\rho_W g \sin\omega}\right)^3}. \quad (2.61)$$

Lokale Imperfektionen der Glasoberfläche können zu reduzierten Kontaktwinkeln und damit zu einer von (2.60) abweichenden, geringeren Adhäsionskraft führen. Literaturwerte liefern zudem nur eine obere Abschätzung der Oberflächenspannung von Wasser $\gamma_W \leq 0{,}073\frac{J}{m^2}$ [Wol57]. Daher ist eine Bewegung der Regentropfen bereits bei geringerem Volumen möglich.

Abbildung 2.17 zeigt den Verlauf des maximalen Volumens $V_{\mathbf{max}}$ für anhaftende Regentropfen über den Neigungswinkel der Windschutzscheibe für verschiedene Oberflächenspannungen γ_W. Zur Validierung wurde das Anhaftverhalten von Regentropfen experimentell in Kapitel A.3 untersucht und Ihre Verteilung als Box-Plot in Abbildung 2.17 ergänzt. Es zeigt sich eine gute Übereinstimmung mit (2.61).

Für modellierte Tropfen mit $0\mu l < V < 20\mu l$ und üblichen Neigungswinkel der Windschutzscheibe $20° < \omega < 25°$ ist die Anhaftbedingung stets erfüllt. Es erfolgt im Rahmen dieser Arbeit daher keine explizite Betrachtung von herabfließenden Regentropfen.

2.4.3 Dynamik umströmter Regentropfen

Bei Eigenbewegung des Fahrzeugs wird der Regentropfen auf der Windschutzscheibe von Luftmassen umströmt. Dies führt dazu, dass die Tropfen ab einer bestimmten Anströmgeschwindigkeit U_∞ nach oben verweht werden. Eine detaillierte Betrachtung dieses Phänomens ist sehr kompliziert und umfasst die Betrachtung der Verformbarkeit und Viskosität des Tropfens. Zur ungefähren Abschätzung der benötigten Anströmgeschwindigkeit wird der Regentropfen näherungsweise als starrer Körper angesehen, der wie in Abbildung 2.16(b) gezeigt eine Gewichtskraft und eine Adhäsionskraft aufweist.

Ein Kräftegleichgewicht parallel zur Windschutzscheibe liefert die Bedingung für einen sich bewegenden Regentropfen

$$F_\mathrm{W} \geq F_\mathrm{G} \sin\omega + F_\mathrm{A}, \tag{2.62}$$

wobei F_G und F_A aus (2.59)-(2.60) bekannt sind.

Zur Herleitung der Windlast wird die Umströmung von Regentropfen auf der Windschutzscheibe im Folgenden näher betrachtet [Oer95, Din08, Din10]. Der Wind wirkt an einer beliebigen Stelle z einer Halbkugel mit der Kraft $\mathrm{d}F_\mathrm{W}$ auf ein Kreiszylindersegment des Durchmessers $d(z) = 2\sqrt{R_\mathrm{K}^2 - z^2}$ und der Höhe $\mathrm{d}z$. Mit der Definitionsgleichung für den Luftwiderstandsbeiwert c_w liefert die Integration über die Kugelkappe des Regentropfens

$$F_\mathrm{W} = \int\limits_{R_\mathrm{K}-h}^{R_\mathrm{K}} \mathrm{d}F_\mathrm{W}\,\mathrm{d}z = \int\limits_{R_\mathrm{K}\cos\theta}^{R_\mathrm{K}} \frac{c_\mathrm{w}\rho_\mathrm{L}}{2} U_\infty^2 2\sqrt{R_\mathrm{K}^2 - z^2}\,\mathrm{d}z, \tag{2.63}$$

wobei ρ_L die Dichte und U_∞ die Anströmgeschwindigkeit der Luft bezeichnen. Für die Windlast F_W auf einen Regentropfen ergibt sich mit (2.12)

$$F_\mathrm{W} = \frac{1}{2} c_\mathrm{w}\rho_\mathrm{L} U_\infty^2 R_\mathrm{K}^2 \underbrace{(\theta - \cos\theta\,|\sin\theta|)}_{>0}. \tag{2.64}$$

Einsetzen von (2.64) in (2.62) liefert die benötigte Anströmung für eine aufwärtsgerichtete Bewegung des Regentropfens

$$U_\infty \geq \sqrt{\frac{2\rho_\mathrm{W} V g \sin\omega + 4\gamma_\mathrm{W} R_\mathrm{K} \sin\theta\,(\cos\theta_\mathrm{r}^\mathrm{min} - \cos\theta_\mathrm{f}^\mathrm{max})}{c_\mathrm{w}\rho_\mathrm{L} R_\mathrm{K}^2\,(\theta - \cos\theta\,|\sin\theta|)}} \tag{2.65}$$

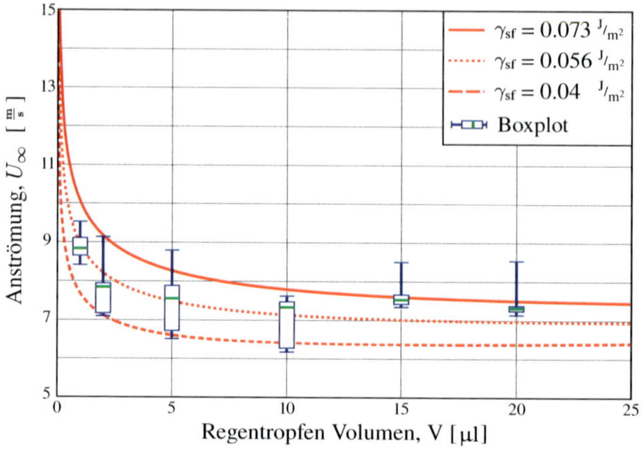

Abbildung 2.18: Benötigte Anströmung für aufwärtsgerichtete Tropfenbewegung ($\omega = 25°$) und experimentelle Ergebnisse; Versuchsaufbau aus Kapitel A.4.

mit $a = \pi(1 - \cos\theta)^2(2 + \cos\theta)$. Aufgrund kleiner Tropfenradien $r \leq 3$mm ist eine Umströmung mit unterkritischer Reynoldszahl bis zu einer Anströmgeschwindigkeit $U_\infty > 875\frac{\text{m}}{\text{s}}$ gewährleistet. Dadurch kann der Widerstandsbeiwert $c_\text{w} = c_\text{w,u} \approx 1{,}2$ angenommen werden.

Abbildung 2.18 zeigt für $0 < V < 10$µl eine gute Übereinstimmung mit den experimentellen Ergebnissen aus Kapitel A.4. Für $V \geq 10$µl liegt die experimentell benötigte Anströmung über dem theoretischen Verlauf aus (2.65). Dies liegt daran, dass in diesen Bereichen Tropfenverformung zunimmt, was zu einer größeren Adhäsionskraft und einem reduzierten Luftwiderstandsbeiwert führt.

Bei einer Windschutzscheibenneigung von $\omega = 25°$ beginnt ab einer Anströmung von $\approx 7 - 9\frac{\text{m}}{\text{s}}$ eine aufwärtsgerichtete Regentropfenbewegung. Ist die Anhaftbedingung überwunden und ein Tropfen setzt sich in Bewegung, konnten im Rahmen dieser Experimente jedoch keine spezifische Bewegungsmodelle für unterschiedliche Regentropfenvolumen hergeleitet werden. Allgemein ist die Tropfengeschwindigkeit jedoch gering, so dass von einem statischen Modell eines anhaftenden Regentropfens ausgegangen werden kann.

Das Wichtigste in Kürze:

- Regentropfen gehören dem Kamerareferenzsystem an und unterliegen daher einer Regentropfen typischen Bewegung, die sich deutlich von der perspektivischen Bewegung starrer Szenenpunkte unterscheidet.
- Im statischen Fall (ohne Fahrtwindangriff) haften Regentropfen mit einem Volumen von $0 < V < 20\mu l$ stets an Windschutzscheiben mit typischen Neigungswinkeln $20° < \omega < 25°$ an.
- Ab einer Anströmung von $\approx 7 - 9 \frac{m}{s}$ startet bei Tropfen mit einem Volumen von $V > 4\mu l$ eine betragsmäßig geringe, aufwärtsgerichtete Bewegung. Kleinere Regentropfen haften wesentlich länger an der Windschutzscheibe an.

Anwendung:

↪ Kapitel 4.3.1: Systemmodelle

3 Erkennung von Regentropfen in Einzelbildern

Die Aufgabe der *Objekterkennung* besteht in einer Detektion und Klassifikation von *relevanten Objekten* in Sensordaten. Abbildung 3.1(a) zeigt den allgemeinen Aufbau eines Bildverarbeitungssystems für solch eine Aufgabe, bestehend aus Vorverarbeitungs-, Segmentierungs-, Merkmalsextraktions- und Klassifikationsschritt [Dud01, Ben02]. Bei seiner konzeptionellen Gestaltung kann meist keine klare Trennung zwischen den Anforderungen an die Merkmalsextraktion und der Performanz der Klassifikation vollzogen werden. Eine Extraktion hoch diskriminanter Merkmale vereinfacht das Klassifikationsproblem enorm, während effiziente Klassifikatoren selbst mit weniger aussagekräftigen Merkmalen gute Ergebnisse erzielen [Dud01].

Verfahren zur Objekterkennung können weiter in Bottom-Up- und Top-Down-Ansätze untergliedert werden [Ben02]. Der Bottom-Up-Ansatz versucht, eine Szenenrepräsentation ausschließlich aus Sensordaten und ohne A-Priori-Informationen aufzubauen. Beim Top-Down-Prinzip werden hingegen bekannte Objektklassen durch geeignete Modelle repräsentiert und im Bild wiedergefunden. Ein prominenter Vertreter des Top-Down-Prinzips ist die *modellbasierte Objekterkennung*, die segmentierte Bildbereiche mit Modellwissen abgleicht. Dieses Modellwissen kann in Form einer beliebigen Ausprägung von Merkmalen im meist hochdimensionalen Merkmalsraum vorliegen, die auf Basis umfassender Trainingsdaten gefunden wurden. Eine Modellvisualisierung fällt in diesem Fall sehr schwer. Eine weitere Möglichkeit ist die physikalische Modellbildung wie in Abbildung 3.1(b) abgebildet. Sie kann meist sehr leicht auf ihre Plausibilität überprüft werden und benötigt nicht notwendigerweise Trainingsdaten.

Dieses Kapitel befasst sich mit der modellbasierten Erkennung von Regentropfen in Einzelbildern mit Hilfe des physikalischen Signalmodells aus Kapitel 2. Kapitel 3.1 diskutiert aktuelle Verfahren zur Detektion, Beschreibung und Klassifikation markanter Bildregionen. Kapitel 3.2 führt den entwickelten Ansatz zur Erkennung von Regentropfen in Einzelbildern inklusive aller Begriffsdefinitionen formal ein. In Kapitel 3.3 wird der Systementwurf beschrieben. Dieser besteht aus der Detektion von möglichen Regentropfen (Kapitel 3.3.1) und der zeiteffizienten Modellierung von Objekthypothesen (Kapitel 3.3.2) für die spätere Klassifikation.

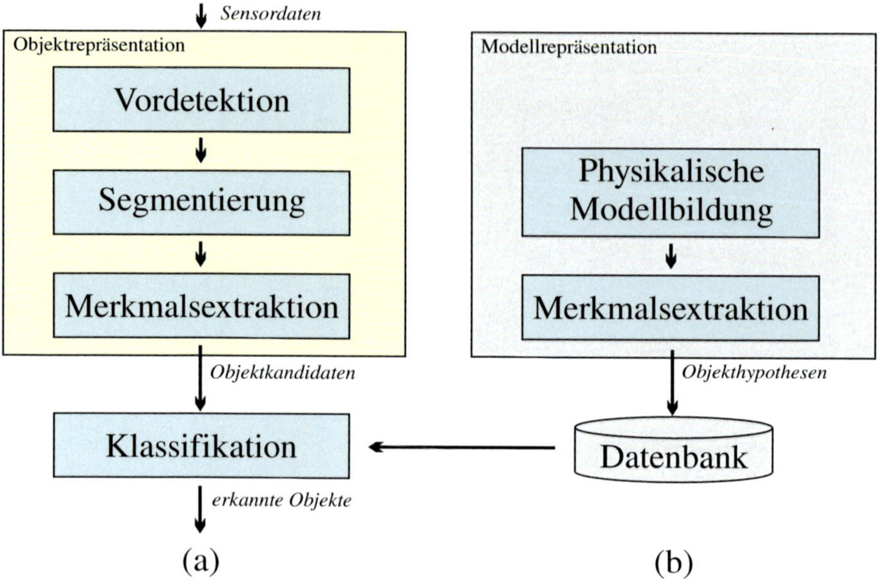

Abbildung 3.1: Aufbau eines Bildverarbeitungssystems zur Objekterkennung basierend auf einer physikalischen Modellbildung.

Kapitel 3.3.3 vollzieht eine Fehlerabschätzung für die getroffenen Modellierungsannahmen. Kapitel 3.3.4 diskutiert die Modellierung der Likelihood-Funktion sowie der A-Priori-Wahrscheinlichkeitsverteilung für die Bayes'sche Klassifikation.

3.1 Grundlagen

3.1.1 Intensitätsbasierte Detektion markanter Bildregionen

In der Literatur wurden bereits eine Vielzahl von allgemeinen Ansätzen zur Detektion markanter Bildregionen vorgestellt und bezüglich Schnelligkeit sowie Invarianz gegenüber perspektivischen Transformationen und Beleuchtungsänderungen verglichen [Mik04, Mik05b, Aan11]. Während nahezu alle Detektoren auf Ableitungsfiltern beruhen und somit Beleuchtungsinvarianz erreichen können, ist eine zuverlässig wiederholbare Detektion von Bildregionen aus unterschiedlichsten Perspektiven schwierig. Viele Verfahren beschränken das Problem der perspektivischen Abbildungen auf die Teilmenge der affinen Transformationen, wie Translation, Rotation, Skalenänderung und Verzerrung. Aufgrund der Anforderungen zur Detektion von Regentropfen beschränkt sich die vorliegende Literaturrecherche auf Verfahren, die unempfindlich gegenüber Translation, Rotation und Skalenänderung sind.

Gängige Ecken-Detektoren [Har88, Shi94] beruhen auf dem Grauwertstrukturtensor [Jäh05]

$$\boldsymbol{A}(\boldsymbol{x}) = \int w(\boldsymbol{x} - \boldsymbol{x}_0) \begin{bmatrix} \left(\frac{\partial g}{\partial x}\right)^2 & \frac{\partial g}{\partial x}\frac{\partial g}{\partial y} \\ \frac{\partial g}{\partial x}\frac{\partial g}{\partial y} & \left(\frac{\partial g}{\partial y}\right)^2 \end{bmatrix} d\boldsymbol{x}, \tag{3.1}$$

der mit Hilfe der Fensterfunktion w die Textur einer lokalen Umgebung um einen Punkt $\boldsymbol{x}_0$ beschreibt [Sch00]. Für die Eigenwerte dieser Matrix ergeben sich folgende Bedingungen

$$\boldsymbol{x}_0 = \begin{cases} \text{homogene Fläche,} & \text{wenn } \lambda_1 \approx 0 \text{ und } \lambda_2 \approx 0 \\ \text{Kante,} & \text{wenn } \lambda_1 > 0 \text{ und } \lambda_2 \approx 0 \\ \text{Ecke,} & \text{wenn } \lambda_1 > 0 \text{ und } \lambda_2 > 0, \end{cases} \tag{3.2}$$

wobei λ_1, λ_2 den größten bzw. zweitgrößten Eigenwert von $\boldsymbol{A}(\boldsymbol{x})$ bezeichnen. Daraus geht die Schwellwertoperation

$$\min(\lambda_1, \lambda_2) > \lambda_{\text{th}} \tag{3.3}$$

als hinreichende Bedingung für die Detektion einer Ecke hervor [Shi94]. Eine rechenaufwendige Eigenwertzerlegung kann hierbei durch Untersuchung der Eckenartigkeit umgangen werden [Har88]

$$R(\boldsymbol{x}) = \det\left(\boldsymbol{A}(\boldsymbol{x})\right) - \eta \operatorname{tr}^2\left(\boldsymbol{A}(\boldsymbol{x})\right), \tag{3.4}$$

wobei $\eta \approx 0{,}04 - 0{,}06$ eine empirisch gefundene Konstante bezeichnet. Detektoren für markante, meist kreisrunde Bildregionen, sogenannte Blob-Detektoren, nutzen im Allgemeinen die Hesse-Matrix

$$\boldsymbol{H}_{\text{H}}(\boldsymbol{x}) = \begin{bmatrix} \frac{\partial^2 g}{\partial x^2} & \frac{\partial^2 g}{\partial x \partial y} \\ \frac{\partial^2 g}{\partial x \partial y} & \frac{\partial^2 g}{\partial y^2} \end{bmatrix}. \tag{3.5}$$

Diese fasst die partiellen zweiten Ableitungen der Intensitätswerte $g(\boldsymbol{x})$ zusammen. Ist $\boldsymbol{H}_\mathrm{H}(\boldsymbol{x})$ positiv definit $\lambda_1 > 0 \cap \lambda_2 > 0$, liegt ein lokales Minimum vor. Ein lokales Maximum ergibt sich bei $\lambda_1 < 0 \cap \lambda_2 < 0$. Lokale Extrema weisen daher eine hohe Filterantwort auf den Laplace-Operator ∇^2 auf, der auch als Spur der Hesse-Matrix aufgefasst werden kann

$$\nabla^2 g(\boldsymbol{x}) \stackrel{!}{=} \mathrm{tr}\left(\boldsymbol{H}_\mathrm{H}(\boldsymbol{x})\right) = \frac{\partial^2 g}{\partial x^2} + \frac{\partial^2 g}{\partial y^2}. \tag{3.6}$$

Ein Nachteil dieses Kriteriums ist die Sensibilität gegenüber Kanten, da nach (3.2) allein durch die Auswertung der Hauptdiagonalen der Hesse-Matrix nicht zwischen Kanten und Ecken unterschieden werden kann.

Ecken- und Blob-Detektoren sind sehr populär für viele Anwendungen zur Detektion und Korrespondenzsuche, da sie die grundlegende Forderung nach Translations-, Rotations- und Beleuchtungsinvarianz erfüllen. Allerdings sind diese Verfahren empfindlich gegenüber Skalenänderungen [Sch00, Mik05b, Aan11]. Aus diesem Grund führt [Wit83] eine Skalenraumrepräsentation ein, die markante Bildregionen im kompletten 3D Skalenraum $L_\mathrm{S}(\boldsymbol{x}, \sigma)$ beschreibt. Die Skalenraumrepräsentation gleicht einer sukzessiven Tiefpassfilterung der Bildinformationen $g(\boldsymbol{x})$ durch eine 2D Faltung mit Gauß-Filtern unterschiedlicher Standardabweichungen $\mathcal{G}(\boldsymbol{x}, \sigma)$,

$$L_\mathrm{S}(\boldsymbol{x}, \sigma) = \mathcal{G}(\boldsymbol{x}, \sigma) ** g(\boldsymbol{x}). \tag{3.7}$$

Eine automatische Skalenwahl (engl. *Automatic Scale Selection*) erfolgt durch Suche nach lokalen Extrema im Skalenraum, wobei die normalisierte Ableitung über die Skalenraumfunktion $\sigma \frac{\partial L_\mathrm{S}}{\partial \sigma}$ analog zur Wärmeleitungsgleichung mit Hilfe der zweiten örtlichen Ableitung beschrieben werden kann [Lin98]

$$\sigma \frac{\partial L_\mathrm{S}}{\partial \sigma} = \sigma^2 \nabla^2 L_\mathrm{S}(\boldsymbol{x}, \sigma). \tag{3.8}$$

Dieses Verfahren wird *Laplacian of Gaussian (LoG)* genannt, da aufgrund der Eigenschaften von linearen Filtern eine zeiteffiziente Implementierung durch die Anwendung des Laplace Operators ∇^2 auf die Filtermaske der Tiefpassfilterung möglich ist

$$\nabla^2 L_\mathrm{S}(\boldsymbol{x}, \sigma) = \nabla^2 \left(\mathcal{G}(\boldsymbol{x}, \sigma) * *g(\boldsymbol{x})\right) = \nabla^2 \mathcal{G}(\boldsymbol{x}, \sigma) ** g(\boldsymbol{x}). \tag{3.9}$$

Das LoG-Verfahren ist in Abbildung 3.2 visualisiert. Die optimale Skale liefert eine maximale Filterantwort im Skalenraum und die Detektion wird automatisch an

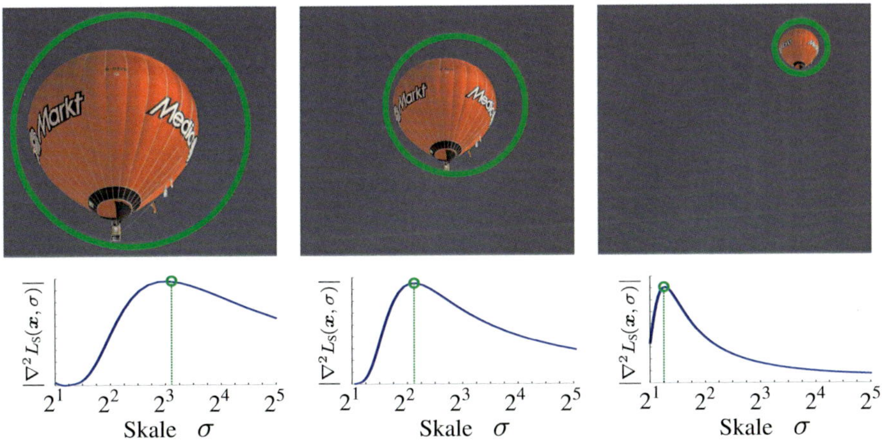

Abbildung 3.2: Erreichen von Skaleninvarianz durch Extremwertsuche im Skalenraum und automatischer Wahl der Skale; nach [Lin98].

die Objektgröße angepasst. Nachteile sind ein hoher Aufwand für die Berechnung der partiellen zweiten Ableitungen sowie die angesprochene Sensibilität gegenüber Kanten.

Zur Verbesserung des Verfahrens schlagen [Mik04, Mik05b] zwei Möglichkeiten vor: Der Harris-Laplace Detektor nutzt den Harris Ecken-Detektor, um Ecken zunächst auf allen Skalen zu detektieren. Bei dem Hessian-Laplace Algorithmus wird zur Eckendetektion die Determinante der Hesse-Matrix untersucht. Bei beiden Ansätzen erfolgt danach eine Extremwertsuche im Skalenraum mittels LoG.

Der SIFT Algorithmus (engl. *Scale Invariant Feature Transform*) [Low99] nutzt eine Approximation des LoG durch finite Differenzen zwischen zwei benachbarten Skalen $k\sigma$ und σ (engl. *Difference of Gaussian (DoG)*)

$$\sigma^2 \nabla^2 L_\mathrm{S}(\boldsymbol{x},\sigma) = \sigma \frac{\partial L_\mathrm{S}}{\partial \sigma} \approx \frac{L_\mathrm{S}(\boldsymbol{x},k\sigma) - L_\mathrm{S}(\boldsymbol{x},\sigma)}{k-1}. \tag{3.10}$$

Dies führt zu deutlichen Rechenzeitersparnissen. In einem nachgelagerten Berechnungsschritt werden Kanten durch Forderung eines maximalen Verhältnisses zwischen erstem und zweitem Eigenwert der Hesse-Matrix unterdrückt. Dies geschieht analog zu (3.4) ohne expliziter Berechnung der Eigenwerte

$$\frac{\mathrm{tr}^2\left(\boldsymbol{H}_\mathrm{H}(\boldsymbol{x},\sigma)\right)}{\det\left(\boldsymbol{H}_\mathrm{H}(\boldsymbol{x},\sigma)\right)} < \frac{(\beta+1)^2}{\beta}. \tag{3.11}$$

Der SURF-Detektor (engl. *Speeded Up Robust Features*) [Bay06] approximiert die partiellen zweiten Ableitungen der Hesse-Matrix $\frac{\partial^2 g}{\partial x^2}, \frac{\partial^2 g}{\partial y^2}, \frac{\partial^2 g}{\partial x \partial y}$ durch eine Faltung der Grauwerte mit Haar-Wavelets W_{xx}, W_{yy}, W_{xy}, die sich für beliebige Skalen mit konstantem Rechenaufwand mittels Integralbildern [Vio01, Vio04] berechnen lassen. Örtliche Detektion und Skalenwahl erfolgt beides durch Berechnung der Determinante der approximierten Hesse-Matrix, dessen Einträge gewichtet und auf das Wavelet der Größe $N \times N$ der jeweiligen Skale normiert wurden, um eine vergleichbare Filterantwort für beliebige Skalen zu gewährleisten

$$\boldsymbol{H}_{\mathrm{H}}(\boldsymbol{x}) \approx \frac{1}{N^2}\boldsymbol{W}(\boldsymbol{x}) = \frac{1}{N^2}\begin{bmatrix} W_{xx} & 0{,}9W_{xy} \\ 0{,}9W_{xy} & W_{yy} \end{bmatrix}. \tag{3.12}$$

Tabelle 3.1 gibt einen Überblick über die diskutierten Algorithmen zur Detektion markanter Bildregionen. Aktuelle Vergleiche bestätigen, dass skalenraumbasierte Merkmalsdetektoren die beste Performanz zeigen. Insbesondere Hessian-Laplace und SIFT zeigen gute Ergebnisse hinsichtlich Anzahl der detektierten Regionen und Skalenänderungen [Aan11]. Der SURF-Detektor wurde in [Aan11] nicht explizit untersucht. Der Ansatz verhält sich jedoch bezüglich der Detektionsperformanz ähnlich zu Hessian-Laplace und SIFT. Aufgrund der verwendeten Approximation mit Haar-Wavelets ist er jedoch wesentlich schneller.

3.1.2 Beschreibung markanter Bildregionen

Aufgabe der Merkmalsextraktion ist die Beschreibung der markanten Bildregion durch geeignete, charakteristische Eigenschaften der Objektklassen. Diese werden in einem n-dimensionalen Merkmalsvektor $\boldsymbol{m} = [m_1, \ldots, m_n]^{\mathrm{T}}$ zusammengefasst, der idealerweise folgende Eigenschaften aufweist:

- Die Merkmale sind *beobachtbar* und mit *geringem Aufwand* zu extrahieren.
- Der Merkmalsvektor weist eine *hohe Diskriminanz* auf. Das bedeutet, Merkmalsvektoren einer Objektklasse sind sich sehr ähnlich, unterscheiden sich jedoch deutlich von Merkmalsvektoren anderer Objektklassen.
- Die Merkmale sind *robust* gegenüber Störungen.
- Der verwendete Merkmalsvektor ist möglichst *niedrig-dimensional*.

Tabelle 3.1: Vergleich von Verfahren zur Detektion markanter Bildregionen

	Typ	Detektions-kriterium	Skalen-wahl	CPU Zeit in [ms][2]
Good Features [Shi94]	Ecke	$\min(\lambda_1, \lambda_2)$	nein	
Harris Ecken [Har88]	Ecke	$\det(\boldsymbol{A}(\boldsymbol{x})) - \alpha \mathrm{tr}^2(\boldsymbol{A}(\boldsymbol{x}))$	nein	
Laplace [Lin98]	Blob	$\sigma^2 \mathrm{tr}(\boldsymbol{H}_\mathrm{H}(\boldsymbol{x}, \sigma))$		
Harris-Laplace [Mik04]	Ecke	$\det(\boldsymbol{A}(\boldsymbol{x})) - \alpha \mathrm{tr}^2(\boldsymbol{A}(\boldsymbol{x}))$	$\sigma^2 \mathrm{tr}(\boldsymbol{H}_\mathrm{H}(\boldsymbol{x}, \sigma))$	7000^*, 2100^{**}
Hessian-Laplace [Mik05b]	Blob	$\det(\boldsymbol{H}_\mathrm{H}(\boldsymbol{x}, \sigma))$	$\sigma^2 \mathrm{tr}(\boldsymbol{H}_\mathrm{H}(\boldsymbol{x}, \sigma))$	900^*, 700^{**}
SIFT [Low99]	Blob	$\sigma^2 \mathrm{tr}(\boldsymbol{H}_\mathrm{H}(\boldsymbol{x}, \sigma)) \overset{\mathrm{DoG}}{\approx} \frac{L_\mathrm{S}(\boldsymbol{x}, k\sigma) - L_\mathrm{S}(\boldsymbol{x}, \sigma)}{k-1}$ Postprocessing: $\frac{\mathrm{tr}^2(\boldsymbol{H}_\mathrm{H}(\boldsymbol{x}, \sigma))}{\det(\boldsymbol{H}_\mathrm{H}(\boldsymbol{x}, \sigma))} < \frac{(\beta+1)^2}{\beta}$		700^*, 400^{**}
SURF [Bay06]	Blob	$\det(\boldsymbol{H}_\mathrm{H}(\boldsymbol{x}, \sigma)) \overset{\mathrm{Wavelets}}{\approx} \det(\boldsymbol{W})$		70^{**}

In der automatischen Sichtprüfung bietet sich häufig eine geeignete Beschreibung der Objektkonturen zur Identifikation spezieller Objektklassen an. Dazu gehören Fourier Deskriptoren oder geometrische Merkmale, wie Kompaktheit, Schwerpunkt, Flächen- und Trägheitsmomente [Hal79, Jäh05, Nix06].

Als generalisierten Ansatz zur Repräsentation der lokalen Nachbarschaft für vielfältige Anwendungsfelder haben sich verteilungsbasierte Verfahren etabliert. Durch die Einteilung der auftretenden Merkmale in diskrete Intervalle findet eine deutliche Merkmalsreduktion statt. So können die Deskriptoren an Diskriminanz verlieren, erlangen jedoch eine gewisse Robustheit gegenüber Intra-Klassen-

[2] CPU Zeiten für ≈ 1500 Detektionen in Graffiti Szene mit 800×640 Pixel. * Pentium II, 500 MHz [Mik04]. ** Pentium IV, 3 GHz [Bay08].

Abweichungen, Verdeckungen und affinen Transformationen. Eine Kategorisierung kann wie folgt vorgenommen werden:

Verteilung der Intensitätswerte: Intensitätshistogramme erlauben eine effiziente Beschreibung der Bildregion durch Berechnung der statistischen Häufigkeit der Intensitätswerte [Swa90]. Trotz Verlust der Ortsinformation kann durch Berücksichtigung unterschiedlicher Auflösungen der Bildregion eine differenzierte Unterscheidung von Texturen getroffen werden [Had04].

Verteilung der Frequenzen: Verfahren zur simultanen Orts- und Frequenzanalyse [Jai97, Liu03] beruhen häufig auf der *Fensterfouriertransformation* (engl. *Short-Time-Fourier-Transform (STFT)*), die den lokalen Frequenzinhalt mit Hilfe einer Fensterfunktion konstanter Breite bestimmt. Ein ähnlicher Ansatz beruht auf der *diskreten Wavelet-Transformation* [Sto95], deren Fenstergröße mit steigender Frequenz abnimmt und so bei hohen Frequenzen eine bessere örtliche Auflösung erreicht, als die STFT.

Verteilung der Gradienten: In Performanzuntersuchungen für unterschiedliche Aufgabenstellungen der Mustererkennung und der Korrespondenzsuche [Ran99, Dal05, Mik05a, Bay08] haben sich Verfahren basierend auf der Verteilung der Gradienten, wie SIFT- [Low04], SURF- [Bay06, Bay08] und HoG-Merkmale (engl. *Histogram of Gradients*) [Dal05] als besonders diskriminant und robust erwiesen. Sie bilden Orientierungshistogramme des Grauwertgradienten für die Zellen einer kartesisch unterteilten Nachbarschaft und kombinieren somit die Vorteile einer robusten, verteilungsbasierten Repräsentation der Bildregion mit einer hohen, örtlichen Auflösung. Im Gegensatz zu Intensitätshistogrammen besitzen sie eine weitgehende Invarianz gegenüber Beleuchtungsänderungen.

Den geringsten Aufwand für die Komposition des Merkmalsvektors verursacht jedoch die direkte Verwendung der Intensitätswerte einer lokalen Nachbarschaft. Dieses Verfahren eignet sich insbesondere für einen visuellen Mustervergleich (engl. *Template Matching*) [Dud01, Ben02] oder zur Korrespondenzsuche in Stereobildern [Kan94, Sch02].

3.1.3 Klassifikationsverfahren

Die Aufgabe der Klassifikation besteht in der Zuordnung eines Objekts zu genau einer von $h+1$ möglichen *Objektklassen* $\mathcal{C} = \{\mathcal{C}_0, \ldots, \mathcal{C}_h\}$ auf Basis des n-dimensionalen Merkmalsvektors $\boldsymbol{m}$. Es wird zwischen geometrischen und statistischen Klassifikationsverfahren unterschieden [Nie74, Dud01, Bis06].

Bei der geometrischen Klassifikation repräsentiert der Merkmalsvektor $\boldsymbol{m}$ einen n-dimensionalen Punkt im Merkmalsvektorraum $\mathcal{M}$, der nach bestimmten Entscheidungsregeln einer Objektklasse $\mathcal{C}_\eta$ zugeordnet wird. Eine Entscheidungsregel stellt hierbei eine Funktion f dar, die den Merkmalsraum $\mathcal{M}$ auf die Objektklassen $\mathcal{C}$ abbildet

$$\mathcal{C}_\eta = f(\boldsymbol{m}) \qquad \eta \in \{0, \ldots, h\}, \boldsymbol{m} \in \mathcal{M}, f : \mathcal{M} \mapsto \mathcal{C}. \tag{3.13}$$

Nicht-parametrische Verfahren wie beispielsweise der k-Nächste-Nachbarn-Algorithmus (engl. *k-Nearest-Neighbors (KNN)*) oder die Parzen-Fenster-Methode (engl. *Kernel Density Estimation (KDE)*) führen eine Entscheidung durch Gewichtung der lokalen Nachbarschaft herbei.

Parametrische Verfahren vollziehen hingegen eine Klassifikation durch Bestimmung von Hyperflächen, die die Trainingspunkte einer Objektklasse $\mathcal{C}_\eta$ von den restlichen Objektklassen möglichst optimal trennen. Wichtige Vertreter der parametrischen Verfahren sind die *lineare Diskriminanzanalyse* (engl. *Linear Discriminant Analysis (LDA)*), die *Support Vector Machine (SVM)* und *Entscheidungsbäume* (engl. *Decision Trees*) [Dud01].

Bei der statistischen Klassifikation oder auch *Bayes'schen Klassifikation* wird der Merkmalsvektor $\boldsymbol{m}$ als Wert einer Zufallsvariablen aufgefasst. Das Ziel besteht zunächst in der Schätzung der A-Posteriori-Wahrscheinlichkeitsverteilung $P(\mathcal{C}_\eta|\boldsymbol{m})$, also den diskreten Wahrscheinlichkeiten für die möglichen Objektklassen $\mathcal{C}_\eta$ bei gegebenem Merkmalsvektor $\boldsymbol{m}$

$$P(\mathcal{C}_\eta|\boldsymbol{m}) = \frac{P(\mathcal{C}_\eta)P(\boldsymbol{m}|\mathcal{C}_\eta)}{P(\boldsymbol{m})}. \tag{3.14}$$

Hierbei bezeichnet $P(\mathcal{C}_\eta)$ die A-Priori-Wahrscheinlichkeitsverteilung und modelliert das Vorwissen über die Verteilung der Objektklassen. Die Likelihood-Funktion $P(\boldsymbol{m}|\mathcal{C}_\eta)$ drückt die Wahrscheinlichkeit aus, dass ein Objekt mit Merkmalsvektor $\boldsymbol{m}$ der Klasse $\mathcal{C}_\eta$ angehört. Der Normierungsfaktor $P(\boldsymbol{m}) = \sum_\eta P(\mathcal{C}_\eta)P(\boldsymbol{m}|\mathcal{C}_\eta)$ garantiert eine gültige Wahrscheinlichkeitsverteilung mit der Eigenschaft $\sum_\eta P(\mathcal{C}_\eta|\boldsymbol{m}) = 1$.

Eine Entscheidung kann nun durch Maximierung der A-Posteriori-Wahrscheinlichkeitsverteilung bezüglich der Objektklassen herbeigeführt werden

$$\underset{\mathcal{C}_\eta : \eta \in \{0,\ldots,h\}}{\arg\max} \left\{P(\mathcal{C}_\eta|\boldsymbol{m})\right\}. \tag{3.15}$$

Gegenüber der geometrischen Klassifikation besitzt die statistische Klassifikation folgende Vorteile:

- Ein *Schablonenvergleich* [Nie74] bzw. *Mustervergleich* [Dud01] mit physikalisch modellierten Objektklassenrepräsentationen ist ohne Trainingsdaten möglich.
- Während die geometrische Klassifikation einen Merkmalsvektor direkt einer Objektklasse zuordnet, ist bei der Bayes'schen Klassifikation vor der Entscheidung die Wahrscheinlichkeitsverteilung bezüglich der Objektklassen explizit bekannt. Insbesondere im Hinblick auf eine durchgehend Bayes'sche Modellierung der Erkennungsaufgabe in Bildfolgen wird somit eine harte Entscheidung zum Zeitpunkt der Einzelbilderkennung vermieden.

3.2 Formale Beschreibung der Bayes'schen Klassifikation

Dieses Kapitel gibt einen formalen Überblick über das entwickelte Verfahren zur Erkennung von Regentropfen in Einzelbildern und führt alle verwendeten Begriffsdefinitionen für Kapitel 3.3 ein.

Im Detektionschritt werden zunächst markante Bildregionen (engl. *Regions of Interest (ROI)*) mit typischen Eigenschaften der gesuchten Objekte ausgewählt. Jede detektierte Bildregion (*Objektkandidat*) $\underline{z}_i = [\underline{\boldsymbol{x}}_i, \underline{r}_i]^{\mathrm{T}}$ wird durch die Bildposition ihres Schwerpunkts $\underline{\boldsymbol{x}}_i \in \mathbb{R}^2$ sowie ihrem Radius $\underline{r}_i \in \mathbb{R}$ beschrieben. Ihm wird ein Merkmalsvektor $\underline{\boldsymbol{m}}_i$ zugeordnet, der den Objektkandidaten mit möglichst hoher Diskriminanz beschreibt $\underline{z}_i \mapsto \underline{\boldsymbol{m}}_i$. Alle Detektionen in einem Bild ergeben die Menge von Bildregionen $\mathcal{Z} = \{\underline{z}_1, \ldots, \underline{z}_n\}$, im Folgenden auch als *Kandidatenliste* bezeichnet[3].

Bei der Klassifikation wird nun jede zu $\mathcal{Z}$ gehörige Region als Ganzes einer von vielen möglichen *Objektklassen* zugeordnet, die sich durch Zerlegung aller Objekte $\mathcal{C}$ in $h+1$ disjunkte Untermengen $\mathcal{C}_\eta, \eta \in \{0, \ldots, h\}$ ergeben [Nie74, Nie83]. Wie in Abbildung 3.3 gezeigt, stellen die Klassen $\{\mathcal{C}_1, \ldots, \mathcal{C}_h\}$ Objekte auf der Windschutzscheibe dar, beispielsweise Regentropfen unterschiedlicher Größe oder anhaftende Verschmutzungen. Mit $\mathcal{C}_0$ wird eine sogenannte *Rückweisungsklasse* für den Szenenhintergrund definiert. Sie beinhaltet Hintergrundinformationen und alle Objekte, die nicht mit ausreichender Sicherheit den übrigen Klassen zugeordnet werden können.

[3]Notationsvereinbarungen: Messungen werden mit ($\underline{\ }$) gekennzeichnet. Für unsicherheitsbehaftete Größen gilt die Notation ($\hat{\ }$).

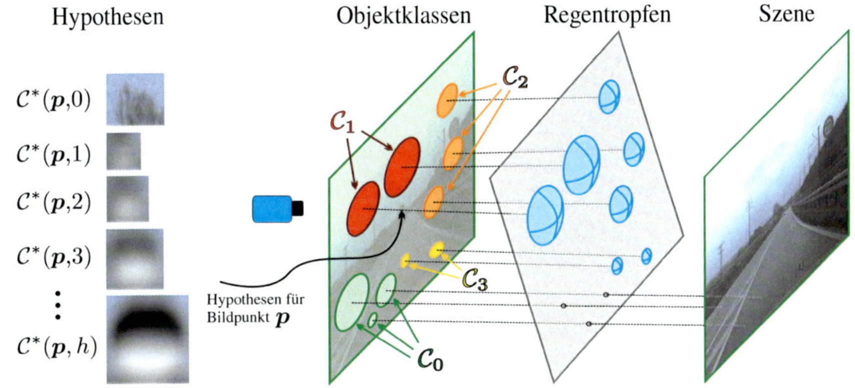

Abbildung 3.3: Partition des Bildes in Objektklassen $\mathcal{C}_\eta, \eta \in \{0, \ldots, h\}$. $\mathcal{C}_\eta, \eta > 0$ stellen Regentropfen unterschiedlicher Größe dar, $\mathcal{C}_0$ repräsentiert die Rückweisungsklasse für Szenenhintergrund und unbekannte Objekte. Für jede Ausprägung der Objektklasse werden Objekthypothesen $\mathcal{C}^*(\boldsymbol{x}, \eta)$ modelliert und mit den beobachteten Objektkandidaten abgeglichen.

Die Objektklassen weisen verschiedenste Ausprägungen auf. Sie werden im Bild modelliert und für jede Ausprägung wird eine *Hypothese* $\mathcal{C}^*(\boldsymbol{x}, \eta)$ erstellt. Die Rückweisungsklasse $\mathcal{C}_0$ wird durch *Hintergrundhypothesen* $\mathcal{C}^*(\boldsymbol{x},0)$ modelliert, die den Szenenhintergrund simulieren. Für die *Objekthypothesen* $\mathcal{C}^*(\boldsymbol{x}, \eta), \eta \in \{1, \ldots, h\}$ werden mit Hilfe der physikalischen Modellierung aus Kapitel 2.3 und der Unschärfe aus Kapitel 2.2 realistische Regentropfenmuster erzeugt. Wie aus (2.54) hervorgeht, wird ihr Aussehen von der Bildposition $\boldsymbol{x}$ und der Tropfenparametrierung $\boldsymbol{\Phi}$ geprägt, wobei jede Klasse $\eta \in \{1, \ldots, h\}$ genau eine Parametrierung des Tropfens modelliert. Daher ist eine Regentropfenhypothese durch $(\boldsymbol{x}, \eta)$ vollständig bestimmt. Eine geeignete Quantisierung in möglichst wenige Klassen hoher Diskriminanz, die das komplette Spektrum von Regentropfen abbilden, erfolgt auf Basis der Regentropfengrößenverteilung aus Kapitel 2.1.1.

Für die beobachteten Merkmale $\underline{\boldsymbol{m}}_i$ eines Objektkandidaten $\underline{z}_i$ ergibt sich somit nach der Regel von Bayes die A-Posteriori-Wahrscheinlichkeitsverteilung bezüglich der diskreten Hypothesen $\mathcal{C}^*(\boldsymbol{x}, \eta)$ zu

$$P(\boldsymbol{x}, \eta | \underline{\boldsymbol{m}}_i) = \frac{P(\underline{\boldsymbol{m}}_i | \boldsymbol{x}, \eta) P(\boldsymbol{x} | \eta) P(\eta)}{P(\underline{\boldsymbol{m}}_i)}. \tag{3.16}$$

Die Likelihood-Funktion $P(\underline{\boldsymbol{m}}_i | \boldsymbol{x}, \eta)$ beschreibt die diskrete Wahrscheinlichkeitsdichte für die Zugehörigkeit eines Objektkandidaten $\underline{z}_i$ zu den Objektklassen $\mathcal{C}_\eta$

auf Basis einer Ähnlichkeitsmetrik zwischen dem assoziierten Merkmalsvektor $\underline{\boldsymbol{m}}_i$ und den Hypothesen $\mathcal{C}^*(\boldsymbol{x}, \eta)$. Das Vorwissen über die Objektklassen wird mit $P(\eta)$ berücksichtigt. Da die Objektklasse und die Bildposition als voneinander unabhängig modelliert werden, gilt $P(\boldsymbol{x}|\eta) = P(\boldsymbol{x})$. Hierfür wird eine Gleichverteilung über alle Bildpositionen angenommen. Unter Berücksichtigung dieser Annahmen ergibt sich (3.16) zu

$$P(\boldsymbol{x}, \eta | \underline{\boldsymbol{m}}_i) \propto P(\underline{\boldsymbol{m}}_i | \boldsymbol{x}, \eta) P(\eta). \tag{3.17}$$

Es gibt nun mehrere Möglichkeiten, eine Entscheidung über den Objektkandidaten $\underline{\boldsymbol{z}}_i$ herbeizuführen. Zunächst kann $\underline{\boldsymbol{z}}_i$ ohne Vorwissen aufgrund seiner Ähnlichkeit zu den Objektklassen klassifiziert werden. Dies kann durch Maximierung der Likelihood-Funktion (Maximum-Likelihood-Methode (ML)) erfolgen

$$\left\{\hat{\boldsymbol{x}}_i^{\mathrm{ML}}, \hat{\eta}_i^{\mathrm{ML}}\right\} = \underset{\boldsymbol{x} \in \Omega_i, \eta \in \{0,\ldots,h\}}{\arg\max} \left\{P(\underline{\boldsymbol{m}}_i | \boldsymbol{x}, \eta)\right\}, \tag{3.18}$$

wobei $\Omega_i = \left\{\boldsymbol{p} \in \mathbb{R}^2 : \|\boldsymbol{p} - \underline{\boldsymbol{x}}_i\| \leq k\underline{r}_i\right\}, k \in \mathbb{R}$ eine lokale Region um den Objektkandidaten $\underline{\boldsymbol{z}}_i$ darstellt.

Bei der Maximierung der A-Posteriori-Wahrscheinlichkeitsverteilung (Maximum-A-Posteriori-Methode (MAP)) wird das Vorwissen über die Objektklassen gemäß (3.17) mit einbezogen

$$\left\{\hat{\boldsymbol{x}}_i^{\mathrm{MAP}}, \hat{\eta}_i^{\mathrm{MAP}}\right\} = \underset{\boldsymbol{x} \in \Omega_i, \eta \in \{0,\ldots,h\}}{\arg\max} \left\{P(\boldsymbol{x}, \eta | \underline{\boldsymbol{m}}_i)\right\}. \tag{3.19}$$

Falls $\hat{\eta}_i^{\mathrm{ML}} = 0$ bzw. $\hat{\eta}_i^{\mathrm{MAP}} = 0$, wird der Objektkandidat $\underline{\boldsymbol{z}}_i$ verworfen. Anderenfalls gilt der Objektkandidat als validiert. Er wird der jeweiligen Klasse zugeordnet und seine Position wird gemäß der Schätzgröße $\boldsymbol{x}_i^{\mathrm{ML}}$ bzw. $\boldsymbol{x}_i^{\mathrm{MAP}}$ korrigiert.

Dieses Vorgehen wird für jeden Objektkandidaten der Kandidatenliste $\mathcal{Z} = \{\underline{\boldsymbol{z}}_1, \ldots, \underline{\boldsymbol{z}}_n\}$ wiederholt. Die resultierenden Mengen an erkannten Objekten ergeben die validierten Objektlisten $\mathcal{Z}^{\mathrm{ML}}$ bzw. $\mathcal{Z}^{\mathrm{MAP}}$, wobei der Index die jeweilige Validierungsmethode bezeichnet

$$\mathcal{Z}^{\mathrm{ML}} = \left\{\underline{\boldsymbol{z}}_i : \hat{\eta}_i^{\mathrm{ML}} \neq 0\right\} \subseteq \mathcal{Z} \tag{3.20}$$

$$\mathcal{Z}^{\mathrm{MAP}} = \left\{\underline{\boldsymbol{z}}_i : \hat{\eta}_i^{\mathrm{MAP}} \neq 0\right\} \subseteq \mathcal{Z}. \tag{3.21}$$

Die dritte Möglichkeit ist eine Zurückstellung der Klassifikation in Einzelbildern zugunsten einer Bildfolgenanalyse. Im Rahmen dieser Arbeit wird hierfür ein kontinuierlich-diskreter Bayes Filter (Kapitel 4.2) modelliert. Die Objektlisten $\mathcal{Z}^{\mathrm{ML}}$ und $\mathcal{Z}^{\mathrm{MAP}}$ bilden jedoch ein wichtiges Kriterium zur Bewertung der Performanz des Detektionsschrittes in Einzelbildern (Kapitel 5.3). Darüber hinaus erfolgt eine Initialisierung des Verfolgungsfilters mit allen Kandidaten aus $\mathcal{Z}^{\mathrm{MAP}}$ in Kapitel 4.3.4.

3.3 Systementwurf einer Regentropfenerkennung

An den Entwurf eines Verfahrens zur Detektion von Regentropfen werden folgende Anforderungen gestellt:

- Invarianz des Detektors gegenüber *Skalenänderungen* zur Erkennung unterschiedlich großer Regentropfen.
- *Geringer Rechenzeitbedarf*, um die Anwendbarkeit des Verfahrens in Kraftfahrzeugen sicherzustellen.
- Einfache *Erweiterbarkeit* des Verfahrens auf zusätzliche Störungstypen, wie beispielsweise anhaftende Verschmutzungen auf der Windschutzscheibe oder Steinschlag.

Aufgrund der ersten beiden Anforderungen eignen sich Detektoren mit automatischer Wahl der Skale und Haar-Wavelet-Approximation der Hesse-Matrix, wie beispielsweise SURF. Darüber hinaus wird die Anzahl an Objekthypothesen, die im Klassifikationsschritt getestet werden können, wesentlich durch die verfügbare Rechenzeit limitiert. Daher liegt der Fokus beim Systementwurf auf einer schnellen Merkmalsextraktion und einer zeiteffizienten Generierung von Objekthypothesen. Die Hypothesenmenge wird auf wenige, aussagekräftige Muster beschränkt.

3.3.1 Objektrepräsentation

Dieser Abschnitt diskutiert die Erkennung der Objektkandidaten $\mathcal{Z}$. Um eine Erweiterbarkeit des Verfahrens auf weitere Objekte auf der Windschutzscheibe zu gewährleisten, muss bei der Vorverarbeitung und Segmentierung auf eine zuverlässige Extraktion aller relevanten Bildbereiche geachtet werden. Der Aufwand für die Integration neuer Störungstypen beschränkt sich dann auf die Modellierung neuer Objekthypothesen für den Klassifikationsschritt.

Vorverarbeitung

Zunächst wird das typische Frequenzband verstärkt, in dem sich Regentropfen und andere Objekte auf der Windschutzscheibe befinden. Hierfür wird die erwartete Unschärfe der Windschutzscheibenebene aus Kapitel 2.2.3 verwendet.

Die Unschärfe weist einen Tiefpass-Charakter auf und bewirkt eine Begrenzung des Frequenzspektrums der Ortsfrequenzen. Sie limitiert somit den maximalen Grauwertgradienten innerhalb des Regentropfens und seiner Berandung. Die Unschärfe kann als 2D-Faltung der Bildinformationen $g(\boldsymbol{x})$ mit einer scheibchenförmigen Filtermaske $\mathcal{D}$ berechnet werden, die die Grenzfrequenz der Tiefpassfilterung bestimmt. Die diskrete Größe $M \times N$ dieser Filtermaske variiert gemäß Gl. (2.34) je nach Bildposition $\boldsymbol{x}$, Kamera-Einbaugeometrie $\boldsymbol{\xi}$, Brennweite f und Blende O.

Die Verstärkung der relevanten Bildinformationen erfolgt mit einem Bandpassfilter, dessen Durchlassbereich durch zwei Blendenstufen O^+, O^- mit $O^+ < O < O^-$ parametriert wird. Die Implementierung erfolgt über einen DoB-Filter (engl. *Difference of Boxes*) [Ros71, Rod08]

$$b(\boldsymbol{x}, \boldsymbol{\xi}, f, O) = \mathcal{B}(\boldsymbol{x}, \boldsymbol{\xi}, f, O^+) ** g(\boldsymbol{x}) - \mathcal{B}(\boldsymbol{x}, \boldsymbol{\xi}, f, O^-) ** g(\boldsymbol{x}), \qquad (3.22)$$

wobei die scheibchenförmigen Unschärfemasken $\mathcal{D}(\boldsymbol{x}, \boldsymbol{\xi}, f, O)$ durch rechteckige Unschärfemasken $\mathcal{B}(\boldsymbol{x}, \boldsymbol{\xi}, f, O)$ der Größe $M \times N$, sogenannte Boxfilter, approximiert wurden. Ähnlich zu den Haar-Wavelets in Kapitel 3.1.1 haben sie den Vorteil, dass sie sich äußerst effizient mittels Integralbildern berechnen lassen [Vio01, Vio04].

Segmentierung

Für eine positions- und skalengenaue Detektion von Objektkandidaten wird der SURF-Detektor [Bay06] auf die DoB-Filterantwort $b(\boldsymbol{x}, \boldsymbol{\xi}, f, O)$ angewendet. Im Folgenden wird dieser Ansatz *Variblur*-Detektion bezeichnet, um ihn eindeutig von einer konventionellen, intensitätsbasierten SURF-Detektion abzugrenzen.

Nach der Definition von [Gon77, Cas96] versteht man unter Segmentierung eine vollständige Partitionierung des Bildes in disjunkte, zusammenhängende Mengen. Dies wird durch einen Nachbearbeitungsschritt erreicht, in dem bei überlappenden Objektkandidaten nur derjenige mit der maximalen Variblur-Filterantwort verwendet wird.

Auf ein Zusammenführen von überlappenden Objektkandidaten wird in Hinblick auf die benötigte Rechenzeit verzichtet. Als weiterer Nachteil würden die Regio-

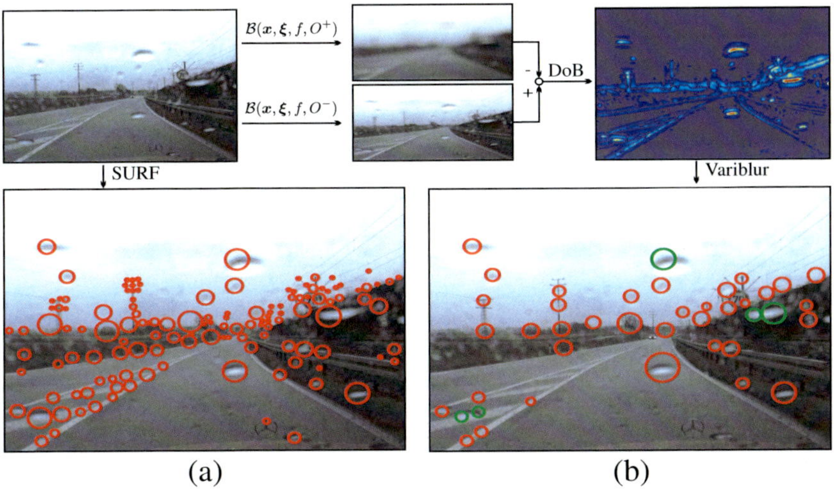

Abbildung 3.4: Detektion von Objektkandidaten mit SURF (a); *Variblur*-Detektion von Objektkandidaten nach vorheriger Bandpassfilterung mit variablem Durchlassbereich (b). Grüne Ellipsen zeigen beispielhaft die Ungenauigkeit der Detektionen in Position und Skale.

nen bei einer hohen Kandidatendichte mit vielen Überlappungen beliebig wachsen und somit die Detektionsgüte verringern. Das vorgeschlagene Verfahren ist hingegen für den Zweck der Regentropfenerkennung wesentlich robuster. Eine nicht ganzheitliche Segmentierung von Regentropfen führt jedoch zu einer gewissen Ungenauigkeit in Position und Skale (siehe grüne Detektionen in Abbildung 3.4(b)). Dies wird bei der Klassifikation durch Maximierung der Likelihood-Funktion in einer lokalen Umgebung um den Objektkandidaten berücksichtigt.

Abbildung 3.4 zeigt den vorgestellten *Variblur*-Detektor im Vergleich zu SURF. Jede kreisrunde Detektion in Abbildung 3.4 repräsentiert einen Objektkandidaten. Während bei beiden Verfahren ähnlich viele Regentropfen korrekt erkannt werden (engl. *True Positives (TP)*), reduziert Variblur die Anzahl an Falsch-Positiv Detektionen (engl. *False Positives (FP)*) erheblich. Dennoch sind in der Kandidatenliste $\mathcal{Z}$ viele Falsch-Positiv Detektionen enthalten. Dies hat mehrere Gründe: Zum einen beinhalten scharfe Bildkanten wie beispielsweise der Horizont alle Frequenzen, also auch das gesuchte Frequenzband. Zum anderen tritt bei einer Bewegung der Kamera insbesondere in Kombination mit einer langen Belichtungszeit aufgrund von schlechten Lichtverhältnissen Bewegungsunschärfe auf, die mit diesem Verfahren nicht von der Tiefenunschärfe unterschieden werden kann.

Merkmalsextraktion

Die physikalische Modellierung aus Kapitel 2 ermöglicht eine Erzeugung von detaillierten Regentropfenmustern, direkt aus den Intensitätswerten des aktuellen Bildes. Eine Invarianz gegenüber Rotation oder perspektivischer Transformation wird nicht benötigt. Zudem liegt eine hohe Diskriminanz nicht nur in den einzelnen Intensitätswerten der Regentropfenmuster, sondern auch in der hohen örtlichen Auflösung. Aus diesen Gründen werden die Intensitätswerte $g(\boldsymbol{x})$ der Bildregion direkt als Merkmale $\underline{\boldsymbol{m}}_i$ jedes Objektkandidaten $\underline{z}_i$ verwendet.

3.3.2 Objekthypothesen

Die detektierten Objektkandidaten $\mathcal{Z}$ weisen alle eine typische Unschärfe auf und ihre Intensitätswerte unterscheiden sich deutlich von denen der umgebenden Szene. Dennoch können die Kandidaten einer Vielzahl von Klassen angehören, beispielsweise

- Regentropfen unterschiedlicher Größe und Form,
- Anhaftende Verschmutzung,
- Schädigung der Windschutzscheibe, Steinschlag.

Darüber hinaus existieren in $\mathcal{Z}$ Fehldetektionen. Diese Kandidaten beinhalten ausschließlich Bildinformationen aus der umgebenden Szene, im Folgenden auch Hintergrundinformationen genannt. Eine genauere Aussage über die Klassenzugehörigkeit wird im Klassifikationsschritt durch einen Mustervergleich mit physikalisch modellierten Objekt- und Hintergrundhypothesen getroffen.

Diese Arbeit konzentriert sich auf die Erkennung von Regentropfen unterschiedlicher Größe sowie deren Unterscheidung von Hintergrundregionen. Hierfür werden Regentropfenhypothesen $\mathcal{C}^*(\boldsymbol{x},1) - \mathcal{C}^*(\boldsymbol{x},5)$ für insgesamt fünf Klassen modelliert. Diese repräsentieren unterschiedlich große Regentropfen $V = \{1\mu l, 2\mu l, 5\mu l, 10\mu l, 20\mu l\}$. Die Rückweisungsklasse wird durch Hintergrundhypothesen $\mathcal{C}^*(\boldsymbol{x},0)$ repräsentiert. Das vorgestellte Verfahren ist jedoch allgemein gehalten und auf neue Hypothesen erweiterbar. So können neue Objektklassen durch physikalische oder trainingsbasierte Modellierung ihres Erscheinungsbildes jederzeit und mit geringem Aufwand in das bestehende Komplettsystem integriert werden.

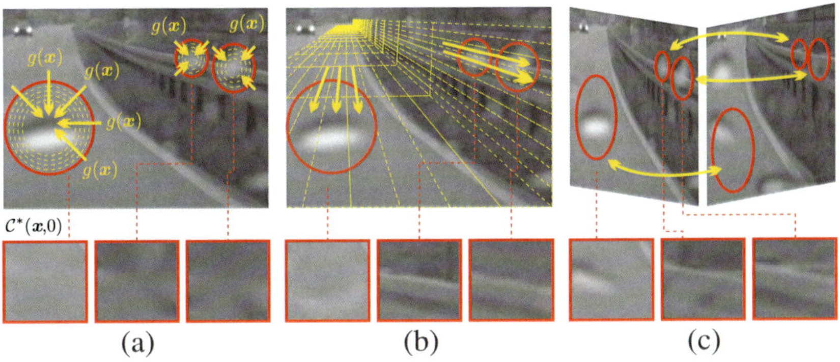

Abbildung 3.5: Erzeugung von Hintergrundhypothesen in Einzelbildern durch ein Verfahren der Bildrekonstruktion [Tel04] (a); Gewinnung des Tropfenhintergrundes aus Bildsequenzen durch Nutzung des optischen Flusses [Ros09] (b); Vervollständigung der Bildinformationen mittels eines komplementären Sensors, beispielsweise einer Stereokamera [Gay10a] (c).

Hintergrundhypothesen $C^*(\boldsymbol{x},0)$

Für die Zurückweisung von Objektkandidaten wird eine Hypothese $C^*(\boldsymbol{x},0)$ benötigt, die den Szenenhintergrund eines Regentropfens modelliert. Dieser Teil der Szene wird durch den Regentropfen verdeckt und ist nicht im aktuellen Bild verfügbar. Es gibt verschiedene Möglichkeiten, diese Informationen durch Fusion von Sensordaten oder durch geeignete Annahmen aus dem aktuellen Bild zu gewinnen [Gay10a]. Abbildung 3.5 zeigt drei Verfahren zur Rekonstruktion des Szenenhintergrundes zusammen mit den resultierenden Hintergrundhypothesen $C^*(\boldsymbol{x},0)$.

Bei Kenntnis des dichten optischen Flusses kann die verdeckte Szene aus den vorherigen Zeitschritten der Bildfolge berechnet werden. Abbildung 3.5(b) zeigt, dass durch Approximation der Szene mit Homografieebenen bereits die Rotation und Translation des Egofahrzeugs zur Generierung realistischer Hintergrundhypothesen ausreichen.

Regentropfen auf der Windschutzscheibe weisen in Stereobildern eine große Parallaxe auf. Dies ermöglicht eine Vervollständigung des fehlenden Szenenhintergrundes durch eine zweite Kamera, sofern ein geeignetes Stereoschätzverfahren verwendet wird und die relevanten Szeneninformationen nicht auch im zweiten Bild durch einen Regentropfen verdeckt sind (linke Hintergrundhypothese in Abbildung 3.5(c)).

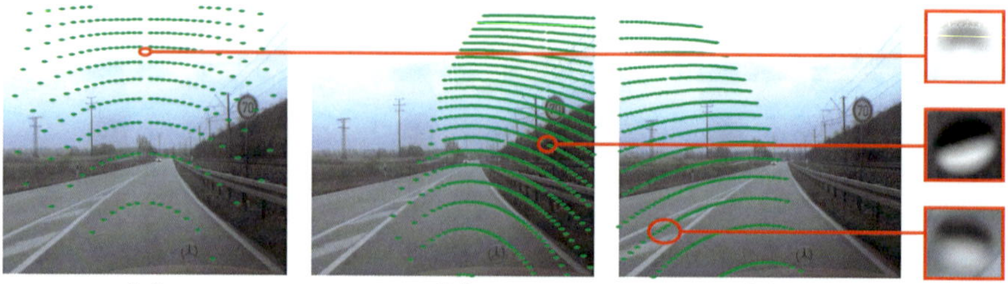

(a) (b) (c)

Abbildung 3.6: Regentropfenhypothesen mit Szenenabstand $d_{\mathrm{env}} = 15\mathrm{m}$ für verschiedene Bildpositionen und Volumen; $\boldsymbol{x} = [512{,}128]^{\mathrm{T}}, V = 1\mu\mathrm{l}$ (a); $\boldsymbol{x} = [853{,}384]^{\mathrm{T}}, V = 10\mu\mathrm{l}$ (b); $\boldsymbol{x} = [171{,}640]^{\mathrm{T}}, V = 20\mu\mathrm{l}$ (c).

Stehen verlässliche Informationen aus einer vorangeschalteten Eigenbewegungsschätzung, Bildregistrierung oder Stereoschätzung zur Verfügung, liefern diese Verfahren genaue Hintergrundhypothesen. Die Verlässlichkeit dieser ITS-Algorithmen ist jedoch keinesfalls sichergestellt, da Regentropfen auf der Windschutzscheibe eben diese Systeme stark beeinträchtigen. Eine weitere Möglichkeit zur Wiederbeschaffung der Hintergrundinformationen sind Verfahren der Bildrekonstruktion (engl. *Image Inpainting*) in Einzelbildern [Ber00, Tel04]. Diese Verfahren beschäftigen sich mit der Rekonstruktion von fehlenden, gealterten oder zerstörten Bildbereichen. Wie in Abbildung 3.5(a) gezeigt, werden hierbei Konturlinien und Textur am Rand des verdeckten Bereichs genutzt und sukzessive im inneren Bereich der Verdeckung fortgesetzt. Zur Erzeugung der Hintergrundhypothese $C^*(\boldsymbol{x},0)$ wird in dieser Arbeit eine Implementierung von [Tel04] genutzt.

Regentropfenhypothesen $C^*(\boldsymbol{x}, \eta)$

Dieser Abschnitt diskutiert die modellgestützte Generierung von Regentropfenhypothesen $C^*(\boldsymbol{x}, \eta), \eta \in \{1, \ldots, h\}$ aus den aktuellen Bildinformationen gemäß Gleichung (2.54). Folgende Annahmen wurden hierfür getroffen:

- Die Szene wird als *vertikale Ebene* in der Entfernung d_{env} angenommen.
- Die Bildinformationen werden an den Bildrändern *konstant fortgesetzt*.
- Es wird von einer ebenen, *konstant geneigten Windschutzscheibe* ausgegangen. Wölbungen der Scheibe werden nicht beachtet.

Abbildung 3.6 zeigt das Ergebnis der geometrischen Strahlenverfolgung für unterschiedlich große Tropfen an verschiedenen Bildpositionen. Nach (2.51) korrespondiert jeder Pixel $\boldsymbol{p}_i$ innerhalb einer Tropfenhypothese $\mathcal{C}^*(\boldsymbol{x}, \eta)$ (rote Kreise) mit einem Bildpunkt $\boldsymbol{q}_i = h(\boldsymbol{p}_i, \boldsymbol{K}, \boldsymbol{\xi}, \omega, \boldsymbol{b}, V, d_{\text{env}})$ aus der Szene (grüne Punktwolke), wobei $\boldsymbol{K}$ die intrinsischen Kameraparameter, $\boldsymbol{\xi}$ die relative Einbaulage der Kamera zur Windschutzscheibe, ω die Windschutzscheibenneigung, $\boldsymbol{b}$ die Parametrierung der Tropfenoberfläche, V das Tropfenvolumen und d_{env} den Abstand zur Szene bezeichnen. Es wird deutlich, dass das Erscheinungsbild der Regentropfenhypothesen sehr stark von der Position des Hypothesenschwerpunkts $\boldsymbol{x}$ abhängt.

Für die Modellierung der Tropfenoberfläche $\boldsymbol{b}$ werden Bézierflächen verwendet (Kapitel 2.1.3), da sie Regentropfen auf der geneigten Scheibe sehr genau nachbilden. Motiviert durch die Regentropfengrößenverteilung in Kapitel 2.1.1 werden fünf verschiedene Volumen $V = \{1\mu\text{l}, 2\mu\text{l}, 5\mu\text{l}, 10\mu\text{l}, 20\mu\text{l}\}$ modelliert.

Insgesamt ergeben sich so fünf Objekthypothesen für jede Bildposition. Für circa $50 - 100$ Objektkandidaten pro Bild müssten der geometrische Strahlengang und die Radiometrie von bis zu 500 Regentropfenhypothesen berechnet werden. Dies ist nicht mit der Forderung nach einem geringen Rechenzeitbedarf vereinbar.

Um eine schnelle Bearbeitung zu gewährleisten, kommen daher *Lookup-Tabellen (LUT)* zum Einsatz [Gay10a]. Abbildung 3.7(a) zeigt das schematische Vorgehen. Die aufwendige Berechnung der Puntkkorrespondenzen aus (2.51) sowie der radiometrischen Korrekturfaktoren aus (2.52) für alle Pixel einer Tropfenhypothese werden nur noch einmalig durchgeführt. Die resultierenden radiometrischen Korrekturfaktoren M_i und die Verschiebungsvektoren $\boldsymbol{s}_i = [s_{ix}, s_{iy}]^{\mathrm{T}}$ zwischen den Punkten $\boldsymbol{q}_i$ und dem Hypothesenschwerpunkt $\boldsymbol{x}$ werden in Lookup-Tabellen gespeichert. Dies ermöglicht eine schnelle Erzeugung der Intensitätswerte einer Tropfenhypothesen gemäß

$$\boldsymbol{q}_i = \boldsymbol{x} + \boldsymbol{s}_i \tag{3.23}$$

$$\hat{g}(\boldsymbol{p}_i) = M_i g(\boldsymbol{q}_i) = M_i g(\boldsymbol{x} + \boldsymbol{s}_i) \qquad \forall i \in \{1, \ldots, N^2\}, \tag{3.24}$$

wobei N^2 die Anzahl der Pixel einer Tropfenhypothese bezeichnet.

Auf Kosten des Speicherbedarfs kann durch eine Lookup-Tabellen Implementierung der Rechenzeitbedarf für die Generierung der Tropfenhypothesen zur Laufzeit deutlich reduziert werden. Um den benötigten Speicher dennoch möglichst gering zu halten, wird die Anzahl an Tropfenhypothesen durch Diskretisierung der Bildpositionen reduziert. Hierfür wird das Bild, wie in Abbildung 3.7(b) gezeigt, in ein kartesisches Gitter mit $u \times v$ Zellen unterteilt. Nur für die Zentren $\boldsymbol{c}_{uv}$ dieser Zellen werden Lookup-Tabellen erzeugt und für alle Objektkandidaten

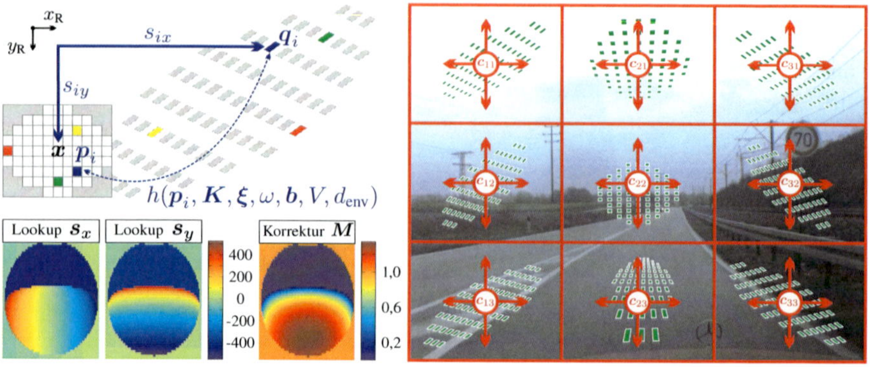

(a) (b)

Abbildung 3.7: Speicherung der Positionsvektoren $\boldsymbol{s}$ und der radiometrischen Korrekturfaktoren $\boldsymbol{M}$ einer Regenhypothese in drei Lookup-Tabellen (a); Diskretisierung des Bildes in $u \times v$ Gitterzellen und Berechnung der Haupthypothesen in den Zellenzentren $\boldsymbol{c}_{uv}$ (b); Objekthypothesen an beliebigen Bildpositionen $\boldsymbol{x}$ werden durch Verschieben der nächstgelegenen Haupthypothese erzeugt.

der jeweiligen Gitterzelle verwendet. Dadurch müssen nicht für jede Bildposition LUT erzeugt werden, sondern es ergibt sich eine konstante Anzahl von $u \times v$ Regentropfenhypothesen für jedes modellierte Volumen.

3.3.3 Abschätzung und Kompensation von Modellfehlern

In diesem Kapitel werden die Modellfehler evaluiert, die sich aus den genannten Modellannahmen ergeben. Zunächst erfolgt eine lineare Fehlerfortpflanzung für das optische Brechungsmodell eines Regentropfens um die Störeinflüsse auf das Aussehen eines Regentropfenmusters zu identifizieren. Danach werden Möglichkeiten zur Kompensation maßgeblicher Einflussfaktoren diskutiert.

Nach Kapitel 2.3.3 setzt sich ein Regentropfenmuster $\mathcal{Q}(\boldsymbol{c}_{uv}, \boldsymbol{\Phi})$ an Position $\boldsymbol{c}_{uv}$ aus den Grauwerten aller Punktkorrespondenzen $\boldsymbol{q} = h(\boldsymbol{p}, \boldsymbol{\Phi})$ zusammen

$$\mathcal{Q}(\boldsymbol{c}_{uv}, \boldsymbol{\Phi}) = \{g(h(\boldsymbol{p}, \boldsymbol{\Phi})), \forall \boldsymbol{p} \in \mathcal{E}(\boldsymbol{c}_{uv}, \boldsymbol{\Phi})\}, \tag{3.25}$$

wobei $\mathcal{E}(\boldsymbol{c}_{uv}, \boldsymbol{\Phi})$ die elliptische Bildregion der Hypothese nach (2.53) und $\boldsymbol{\Phi} = [\boldsymbol{K}, \boldsymbol{\xi}, \omega, \boldsymbol{b}, V, d_{\text{env}}]^{\text{T}}$ die Parametrierung des Regentropfens bezeichnet. Diese besteht aus der Kalibriermatrix der Kamera $\boldsymbol{K}$, der Kamera-Einbaugeometrie

$\boldsymbol{\xi}$, dem Neigungswinkel der Windschutzscheibe ω, der Parametrierung der Tropfenoberfläche $\boldsymbol{b}$, dem Tropfenvolumen V und dem Abstand zur angenommenen Szenenebene d_{env}. Das Muster $\mathcal{Q}(\boldsymbol{c}_{uv}, \boldsymbol{\Phi})$ entspreche für die idealen Parameter $\boldsymbol{\Phi} = [\boldsymbol{K}, \boldsymbol{\xi}, \omega, \boldsymbol{b}, V, d_{\text{env}}]^{\text{T}}$ dem Aussehen eines realen Regentropfens. Desweiteren seien die Parametrisierung des Tropfens $(\boldsymbol{b}, V)$ sowie die Kameraparameter $(\boldsymbol{K}, \boldsymbol{\xi})$ exakt bekannt. Die restlichen Parameter seien mit einer gewissen Mess- bzw. Modellierungsunsicherheit behaftet, was durch $(\hat{\ })$ dargestellt wird. Dann ergibt sich für jeden Bildpunkt $\boldsymbol{p}_i$ des Regentropfenmusters der Intensitätswert zu

$$\hat{g}_i = g(\hat{\boldsymbol{q}}_i) = g(h(\hat{\boldsymbol{p}}_i, \boldsymbol{K}, \boldsymbol{\xi}, \hat{\omega}, \boldsymbol{b}, V, \hat{d}_{\text{env}})). \tag{3.26}$$

Für kleine Parameterabweichungen $\Delta d_{\text{env}} = \hat{d}_{\text{env}} - d_{\text{env}}, \Delta\omega = \hat{\omega} - \omega$ und eine Verschiebung des Tropfens $\Delta \boldsymbol{x} = \hat{\boldsymbol{x}} - \boldsymbol{c}_{uv} = \hat{\boldsymbol{p}}_i - \boldsymbol{p}_i$ ergibt eine Taylor-Approximation erster Ordnung von (3.26)

$$\begin{aligned}\hat{g}_i &= g(h(\boldsymbol{p}_i + \Delta \boldsymbol{x}, \boldsymbol{K}, \boldsymbol{\xi}, \omega + \Delta\omega, \boldsymbol{b}, V, d_{\text{env}} + \Delta d_{\text{env}})) \\ &= g(\boldsymbol{q}_i + \Delta \boldsymbol{q}_i) \end{aligned} \tag{3.27}$$

$$\begin{aligned}\Delta \hat{g}_i &\approx \frac{\partial g}{\partial h}\frac{\partial h}{\partial \boldsymbol{x}}\Delta \boldsymbol{x} + \frac{\partial g}{\partial h}\frac{\partial h}{\partial \omega}\Delta\omega + \frac{\partial g}{\partial h}\frac{\partial h}{\partial d_{\text{env}}}\Delta d_{\text{env}} \\ &= \frac{\partial g}{\partial h}\left(\frac{\partial h}{\partial \boldsymbol{x}}\Delta \boldsymbol{x} + \frac{\partial h}{\partial \omega}\Delta\omega + \frac{\partial h}{\partial d_{\text{env}}}\Delta d_{\text{env}}\right) \\ &= \frac{\partial g}{\partial \boldsymbol{q}_i}\Delta \boldsymbol{q}_i . \end{aligned} \tag{3.28}$$

Somit existieren drei Einflüsse auf die Punktkorrespondenzen des Regentropfenmodells, die von den getroffenen Annahmen einer ebenen Szene und einer konstant geneigten Windschutzscheibe sowie der örtlichen Diskretisierung der Tropfenpositionen stammen. Zunächst sollen die Messempfindlichkeiten $(\frac{\partial h}{\partial d_{\text{env}}}, \frac{\partial h}{\partial \omega}, \frac{\partial h}{\partial \boldsymbol{x}})$ bezüglich dieser Einflüsse empirisch evaluiert werden. Hierfür wird jeweils einer der Einflussparameter $\Delta d_{\text{env}}, \Delta\omega, \Delta \boldsymbol{x}$ variiert und die resultierenden Residuen der Punktkorrespondenzen $\boldsymbol{e}_i := \Delta \boldsymbol{q}_i = \hat{\boldsymbol{q}}_i - \boldsymbol{q}_i$ evaluiert, wie sie schematisch in Abbildung 3.8(a) dargestellt sind.

Annahme einer ebenen Szene

Abbildung 3.8(b) zeigt die Verteilung für die Residuen der Punktkorrespondenzen bei einer Variation des Szenenabstands für die Modellannahme $d_{\text{env}} = 15\text{m}$. Die

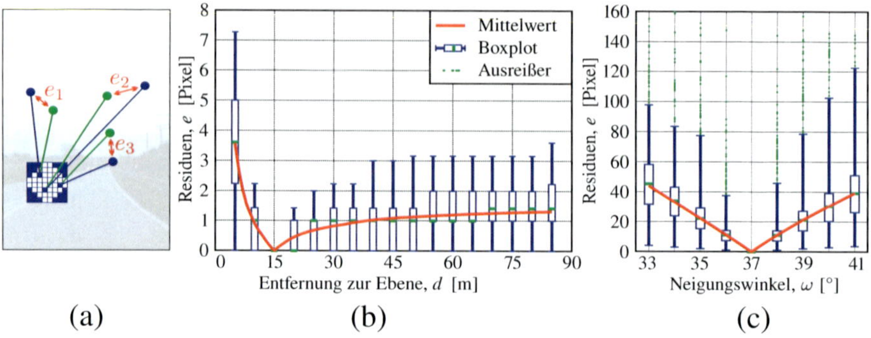

Abbildung 3.8: Residuen der Punktkorrespondenzen bei Parametervariation (a); Modellfehler für eine Änderung des Szenenabstands (b); Modellfehler für eine Variation der Windschutzscheibenneigung (c).

Messempfindlichkeit bezüglich d ist äußerst gering und führt selbst bei großen Abweichungen der tatsächlichen Szenentiefe zwischen $5\text{m} \leq d \leq 85\text{m}$ zu geringen Residuen von wenigen Pixeln. Dies lässt darauf schließen, dass sich selbst starke Modellverletzungen, wie beispielsweise Randbebauung oder vorausfahrende Fahrzeuge nicht maßgeblich auswirken werden.

Annahme einer ebenen Windschutzscheibe

Die Residuen für eine Variation der Windschutzscheibenneigung sind in Abbildung 3.8(c) gegeben. Insbesondere im Randbereich des Tropfens und an der Grenze zur Totalreflexion treten einzelne Strahlen auf, bei denen sich das Brechungsverhalten deutlich ändert. Um diese Randeffekte auszuschließen, werden die 3% der Punktkorrespondenzen mit den größten Residuen als Ausreißer definiert und nicht für die Boxplotdarstellung sowie für die Berechung des mittleren Fehlers berücksichtigt.

Eine Änderung der Windschutzscheibenneigung wirkt sich deutlich auf die Punktkorrespondenzen des Tropfenhypothese aus. Die Neigung der Scheibe kann jedoch sehr genau bestimmt werden. Bei stark gewölbten Windschutzscheiben empfiehlt sich eine Anpassung des Parameters ω in Abhängigkeit der diskreten Tropfenpositionen $\boldsymbol{c}_{uv}$ im kartesischen Gitter. Gegebenenfalls wird eine Verfeinerung der Diskretisierung über der Bildhöhe notwendig.

Lineare Kompensation des örtlichen Diskretisierungsfehlers

Die Strahlengänge für die Erzeugung einer Regentropfenhyptohese sind stark von der Bildposition abhängig. Für eine Abweichung von den Zellenzentren $\Delta\boldsymbol{x} = \hat{\boldsymbol{x}} - \boldsymbol{c}_{uv}$ entsteht eine Messabweichung bei der geometrischen Bestimmung der Puntkkorrespondenzen, die als örtlicher Diskretisierungsfehler aufgefasst werden kann. Bei einer starken Diskretisierung der Bildpositionen entstehen große Abweichungen von den Zellenzentren. Der Term $\frac{\partial g}{\partial h}\frac{\partial h}{\partial \boldsymbol{x}}\Delta\boldsymbol{x}$ in (3.28) übt maßgeblichen Einfluss auf das visuelle Erscheinungsbild der Regentropfenhypothese aus.

Aus diesem Grund wird der örtliche Diskretisierungsfehler bei der Erzeugung der Tropfenhypothesen linear kompensiert. Mit der linearen Messempfindlichkeit von $\boldsymbol{q}_i$ im Punkt $\boldsymbol{c}_{uv}$ folgt aus (3.23)-(3.24) bei einer Verschiebung der kompletten Tropfenhypothese $\Delta\boldsymbol{p}_i = \Delta\boldsymbol{x}, \forall i \in \{1, \ldots, N^2\}$:

$$\begin{aligned} \boldsymbol{q}_i + \Delta\boldsymbol{q}_i &= \boldsymbol{x} + \boldsymbol{s}_i + \boldsymbol{J}_{\boldsymbol{q}_i}(\boldsymbol{c}_{uv})\Delta\boldsymbol{x} && (3.29)\\ \hat{g}(\boldsymbol{p}_i + \Delta\boldsymbol{p}_i) &= M_i g(\boldsymbol{x} + \boldsymbol{s}_i + \boldsymbol{J}_{\boldsymbol{q}_i}(\boldsymbol{c}_{uv})\Delta\boldsymbol{x}) \quad \forall i \in \{1, \ldots, N^2\}, && (3.30) \end{aligned}$$

wobei $\boldsymbol{J}_{\boldsymbol{q}_i}(\boldsymbol{c}_{uv})$ die Jacobi-Matrix bezeichnet.

$$\boldsymbol{J}_{\boldsymbol{q}_i}(\boldsymbol{c}_{uv}) = \begin{bmatrix} \frac{\partial q_{ix}}{\partial x} & \frac{\partial q_{ix}}{\partial y} \\ \frac{\partial q_{iy}}{\partial x} & \frac{\partial q_{iy}}{\partial y} \end{bmatrix}\Bigg|_{\boldsymbol{c}_{uv}} \tag{3.31}$$

Für dieses Vorgehen werden vier weitere LUT pro Hypothese benötigt. Im Folgenden wird die Jacobi-Matrix $\boldsymbol{J}_{\boldsymbol{q}_i}(\boldsymbol{c}_{uv})$ aus einer örtlichen Linearisierung des Regentropfenmodells hergeleitet.

Abbildung 3.9(a) zeigt den Strahlengang für eine Punktkorrespondenz $\boldsymbol{q}_i = h(\boldsymbol{p}_i, \boldsymbol{K}, \boldsymbol{\xi}, \omega, \boldsymbol{b}, V, d_{\text{env}})$. Die nachfolgende Betrachtung erfolgt in 3D. Der in Abbildung 3.9(a) illustrierte Strahlengang liegt daher nicht notwendigerweise in einer Einfallsebene. Die Winkel bezeichnen jeweils den eingeschlossenen Winkel zwischen Richtungsvektor des Sichtstrahls $\boldsymbol{k}$ und Oberflächennormale $\boldsymbol{n}$. Die Dicke der Windschutzscheibe wird vernachlässigt.

Der Richtungsvektor des Strahlengangs durch Bildpunkt $\boldsymbol{p}_i$ vor Interaktion mit dem Regentropfen ist durch die homogenen Koordinaten $\mathbf{p}_i$ gegeben (siehe Abbildung 3.9(a)). Er trifft unter dem Winkel

$$\beta_{\text{i}i} = \arccos\left(\frac{\boldsymbol{u} \cdot \mathbf{p}_i}{\|\boldsymbol{u}\| \, \|\mathbf{p}_i\|}\right) \tag{3.32}$$

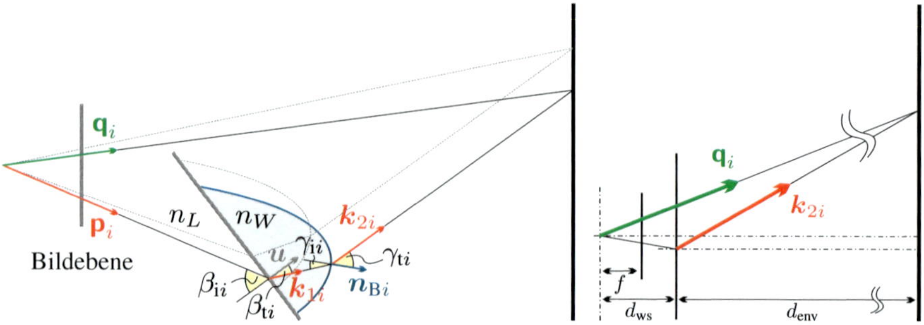

(a) (b)

Abbildung 3.9: Änderung des Strahlenganges bei Verschiebung des Tropfens (a); Annahme von annähernd parallelen Strahlen in die Umgebung, da $d_{\text{env}} \gg d_{\text{ws}}$ (b).

auf die Windschutzscheibe mit Normalenvektor $\boldsymbol{u}$ auf. Nach dem Snellius'schen Brechungsgesetz in (2.39) gilt für den Brechungswinkel

$$\beta_{\text{t}i} = \arcsin\left(\frac{n_L}{n_W} \sin \beta_{\text{i}i}\right), \tag{3.33}$$

wodurch sich der Richtungsvektor des gebrochenen Sichtstrahls innerhalb des Regentropfens nach (2.37) ergibt

$$\boldsymbol{k}_{1i} = \frac{n_L \mathbf{p}_i + (n_W \cos \beta_{\text{t}i} - n_L \cos \beta_{\text{i}i})\boldsymbol{u}}{n_W}. \tag{3.34}$$

Analog dazu wird die Brechung an der Tropfenoberfläche durch die Gleichungen

$$\gamma_{\text{i}i} = \arccos\left(\frac{\boldsymbol{n}_{\text{B}i} \cdot \boldsymbol{k}_{1i}}{\|\boldsymbol{n}_{\text{B}i}\| \, \|\boldsymbol{k}_{1i}\|}\right) \tag{3.35}$$

$$\gamma_{\text{t}i} = \arcsin\left(\frac{n_W}{n_L} \sin \gamma_{\text{i}i}\right) \tag{3.36}$$

$$\boldsymbol{k}_{2i} = \frac{n_W \boldsymbol{k}_{1i} + (n_L \cos \gamma_{\text{t}i} - n_W \cos \gamma_{\text{i}i})\boldsymbol{n}_{\text{B}i}}{n_L} \tag{3.37}$$

beschrieben. Das Normalenfeld $\boldsymbol{n}_{\text{B}i}$ der Tropfenoberfläche wird nach (2.18) bestimmt. Wie in Abbildung 3.9(b) gezeigt, wird für $d_{\text{env}} \gg d_{\text{ws}}$ weiterhin angenommen, dass der Sichtstrahl $\mathbf{p}_i$ nahezu parallel zu $\boldsymbol{k}_{2i}$ auf die Bildebene rückprojeziert wird. Dadurch ergibt sich abschließend der Zusammenhang

$$\mathbf{q}_i \simeq \boldsymbol{k}_{2i}. \tag{3.38}$$

Durch Einsetzen von (3.32)-(3.37) in (3.38) kann gezeigt werden, dass $\mathbf{q}_i$ als Funktion von $\boldsymbol{p}_i, \boldsymbol{u}, \boldsymbol{n}_{\mathrm{B}i}, n_L, n_W$ gegeben ist. Die Windschutzscheibennormale $\boldsymbol{u}$ sowie die Brechungsindizes n_L, n_W bleiben bei einer Verschiebung des Tropfens konstant. Die Oberflächennormale $\boldsymbol{n}_{\mathrm{B}i}$ ist zwar abhängig von der Position des Strahlendurchstoßpunktes auf der Tropfenoberfläche, das heißt variabel $\forall i$. Bei gleichmäßiger Verschiebung der gesamten Tropfenhypothese $\Delta\boldsymbol{p}_i = \Delta\boldsymbol{x}, \forall i \in \{1, \ldots, N^2\}$ ergeben sich jedoch keine Änderungen von $\boldsymbol{n}_{\mathrm{B}i}$, da der Tropfen auf der Windschutzscheibe einer Verschiebung der Bildregion implizit folgt und somit der Strahlendurchstoßpunkt auf der Tropfenoberfläche identisch bleibt. Durch eine Taylor-Approximation von (3.38) kann die gesuchte Jacobi-Matrix $\boldsymbol{J}_{\boldsymbol{q}_i}(\boldsymbol{c}_{uv})$ analytisch bestimmt werden:

$$\Delta\boldsymbol{q}_i \approx \left[\begin{array}{cc} \frac{\partial q_{ix}}{\partial x} & \frac{\partial q_{ix}}{\partial y} \\ \frac{\partial q_{iy}}{\partial x} & \frac{\partial q_{iy}}{\partial y} \end{array}\right]\Bigg|_{\boldsymbol{c}_{uv}} \left[\begin{array}{c} \Delta x \\ \Delta y \end{array}\right] = \boldsymbol{J}_{\boldsymbol{q}_i}(\boldsymbol{c}_{uv})\Delta\boldsymbol{x}. \tag{3.39}$$

Diskretisierungsfehler höherer Ordnung

Eine Taylor-Approximation erster Ordnung des geometrischen Brechungsmodells stellt eine stark vereinfachte Annahme dar. Durch alleinige Betrachtung der linearen Messempfindlichkeit kann demnach keine vollständige Kompensation des Diskretisierungsfehlers erfolgen. Es bleiben die Taylor-Glieder höherer Ordnung übrig. Dennoch ist eine lineare Kompensation des Diskretisierungsfehlers sinnvoll. Im folgenden wird der Diskretisierungsfehler höherer Ordnung diskutiert und den Ergebnissen ohne linearer Kompensation gegenübergestellt.

Abbildung 3.10(a-b) zeigen die mittleren Residuen der Punktkorrespondenzen für eine Variation der Tropfenposition $\hat{\boldsymbol{x}} = \boldsymbol{c}_{uv} + \Delta\boldsymbol{x}$ um das Tropfenzentrum $\boldsymbol{c}_{uv}$ ohne und mit linearer Kompensation des erwarteten Diskretisierungsfehlers. In Abbildung 3.10(e-f) sind die Verteilungen der Residuen für eine horizontale bzw. vertikale Verschiebung des Tropfens abgebildet und dem resultierenden mittleren Fehler ohne linearer Kompensation gegenübergestellt. Durch eine Linearisierung des Brechungsmodells und einer Kompensation der linearen Messempfindlichkeiten $\boldsymbol{J}_{\boldsymbol{q}_i}(\boldsymbol{c}_{uv})$ für die Zellenzentren $\boldsymbol{c}_{uv}$ wird der Diskretisierungsfehler um bis zu 57% reduziert.

Abbildung 3.10(c-d) zeigen die mittleren Residuen der Punktkorrespondenzen für eine um $\Delta x = [-100, -25]^{\mathrm{T}}$ verschobene Tropfenhypothese mit und ohne Berücksichtigung der Messempfindlichkeiten $\boldsymbol{J}_{\boldsymbol{q}_i}(\boldsymbol{c}_{uv})$. Die Residuen der Punktkorrespondenzen sind in Abbildung 3.10(d) deutlich kleiner. Dies veranschaulicht den gewinnbringenden Effekt der linearen Kompensation. Auch hier wurden aus den genannten Gründen eine Ausreißerquote von 3% angenommen.

Auswirkungen auf die Regentropfenhypothese

Aus (3.28) geht hervor, dass sich Parameterabweichungen auf die Punktkorrespondenzen des Regentropfenmodells auswirken. Dies macht sich je nach Grauwertgradienten $\frac{\partial g}{\partial h}$ unterschiedlich stark im visuellen Erscheinungsbild des Regentropfenmusters bemerkbar. Ist der Szenenhintergrund stark texturiert, führt dies zu großen Grauwertabweichungen im Muster. In nahezu homogenen Bildregionen kann trotz Abweichung der Punktkorrespondenzen nur eine geringe Änderung des Regentropfenmusters beobachtet werden. Die Auswirkungen auf das Erscheinungsbild eines scharfen bzw. unscharfen Musters wird für Straßenszenen unterschiedlicher Komplexität (z.B. Landstraße, Innenstadt) mit Hilfe des Korrelationskoeffizienten $\rho\left(\mathcal{Q}(\hat{\boldsymbol{x}}, \boldsymbol{\Phi}), \mathcal{Q}(\boldsymbol{x}, \boldsymbol{\Phi})\right)$ bzw. $\rho\left(\mathcal{Q}^B(\hat{\boldsymbol{x}}, \boldsymbol{\Phi}), \mathcal{Q}^B(\boldsymbol{x}, \boldsymbol{\Phi})\right)$ untersucht, wobei $(\ )^B$ ein Regentropfenmuster mit applizierter Unschärfe aus Kapitel 2.2.3 bezeichnet.

Wie in Abbildung 3.10(e-f) dargestellt, führen Residuen der Punktkorrespondenzen in offenem Terrain mit ausgedehnten, homogenen Bereichen wie beispielsweise Autobahn- oder Landstraßenszenen nur zu geringen Änderungen des Regentropfenmusters. Der Korrelationkoeffizient für typische Landstraßenszenen ergibt $\rho_{\text{min}}\left(\mathcal{Q}(\hat{\boldsymbol{x}}, \boldsymbol{\Phi}), \mathcal{Q}(\boldsymbol{x}, \boldsymbol{\Phi})\right) = 0{,}96$. In komplexen, stark texturierten Innenstadtsequenzen mit großen Grauwertgradienten können jedoch deutliche Grauwertabweichungen zwischen den Regentropfenmustern auftreten. Der Korrelationkoeffizient sinkt in den durchgeführten Experimenten auf $\rho_{\text{min}}\left(\mathcal{Q}(\hat{\boldsymbol{x}}, \boldsymbol{\Phi}), \mathcal{Q}(\boldsymbol{x}, \boldsymbol{\Phi})\right) = 0{,}8$.

Bisher unbeachtet blieb die Unschärfe des Regentropfens, welche eine extreme Tiefpassfilterung der Bildinformationen darstellt und somit die Vergleichbarkeit der Muster günstig beeinflusst. Dies führt in vielen Bereichen zu einem Korrelationskoeffizient $\rho\left(\mathcal{Q}^B(\hat{\boldsymbol{x}}, \boldsymbol{\Phi}), \mathcal{Q}^B(\boldsymbol{x}, \boldsymbol{\Phi})\right) > 0{,}98$. Aufgrund der örtlichen Diskretisierung der Tropfenpositionen ist demnach keine deutliche Verschlechterung der Detektionsgüte zu erwarten.

Wahl der Diskretisierungsgröße

Um einen geringen Speicherbedarf für die Lookup-Tabellen zu erzielen, wird eine möglichst grobe Diskretisierung der Tropfenpositionen angestrebt.

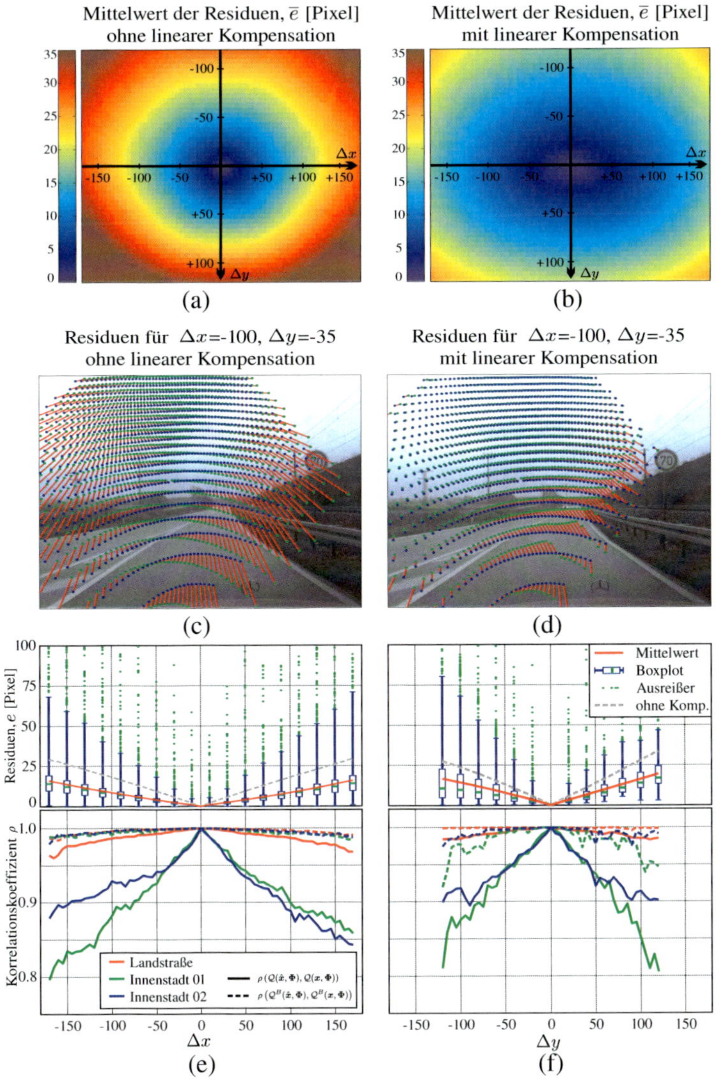

Abbildung 3.10: Mittlerer Diskretisierungsfehler für eine Verschiebung der Tropfenposition ohne (a) und mit linearer Kompensation des Diskretierungsfehlers (b); Vergleich der Punktkorrespondenzen ohne (c) und mit linearer Kompensation des Diskretierungsfehlers (d); Verteilung der Residuen Vergleich der resultierenden Regentropfenhypothesen mittels Korrelationskoeffizient für eine horizontale (e) und vertikale Verschiebung der Tropfenposition (f).

Eine Tropfenhypthese ergibt sich aus der Faltung der resultierenden Punktkorrespondenzen mit einem Unschärfescheibchen, dessen Durchmesser ϵ sich nach (2.34) bestimmt. Für die im Messfahrzeug verwendeten Kameras und den gegebenen Kamera-Einbaugeometrien gilt ungefähr $20 \leq \epsilon \leq 40$ Pixel. Für Residuen von maximal 10 Pixel liegt demnach die fehlerfreie Punktkorrespondenz innerhalb des Einflussbereichs für die Erzeugung der Tropfenhypothese. Dies bildet die Annahme für eine, hinsichtlich der Anzahl an Zellen optimale Diskretisierung der Tropfenpositionen $\boldsymbol{c}_{uv}$. Die Forderung eines maximalen mittleren Residuums von 10 Pixeln ist nach Abbildung 3.10(b) in einer Bildregion von circa $\boldsymbol{c}_{uv} \pm [128{,}64]^{\mathrm{T}}$ Pixeln gewährleistet. Für die Tropfenhypothesen gilt nach Abbildung 3.10(e-f) für diesen Bereich $\rho\left(\mathcal{Q}^B(\hat{\boldsymbol{x}}, \boldsymbol{\Phi}), \mathcal{Q}^B(\boldsymbol{x}, \boldsymbol{\Phi})\right) > 0{,}98$. In dieser Arbeit erfolgt eine Diskretisierung des Bildes in 4×6 Zellen , wodurch für jedes modellierte Volumen Lookup-Tabellen von 24 Hypothesen gespeichert werden müssen.

3.3.4 Bayes Inferenz

Im vorherigen Abschnitt wurde die Generierung von Hypothesen $\mathcal{C}^*(\boldsymbol{x}, \eta)$ für die verschiedene Objektklassen diskutiert. Bei dem Erkennungsschritt gilt es nun, die beste Hypothese auszuwählen und den Objektkandidaten der wahrscheinlichsten Objektklasse zuzuordnen. Dies kann nach (3.17) durch Betrachtung der A-Posteriori-Verteilung bezüglich der Hypothesen $\mathcal{C}^*(\boldsymbol{x}, \eta)$ erzielt werden, sofern die A-Priori-Wahrscheinlichkeitsverteilung für die Objektklassen sowie eine Likelihood-Funktion zur Bestimmung der Ähnlichkeit zwischen dem Objektkandidat und den Hypothesen vorliegt.

Likelihood-Funktion

Die Modellierung der Likelihood-Funktion $P(\underline{\boldsymbol{m}}_i|\boldsymbol{x}, \eta)$ erfolgt unter der naiven Bayes Annahme, dass alle Merkmale unabhängig und identisch verteilt sind. Dies ermöglicht eine Beschreibung mit Hilfe einer Exponentialverteilung

$$P(\underline{\boldsymbol{m}}_i|\boldsymbol{x}, \eta) \propto \exp^{-<\underline{\boldsymbol{m}}_i, \boldsymbol{m}^*(\boldsymbol{x}, \eta)>}, \tag{3.40}$$

wobei $\boldsymbol{m}^*(\boldsymbol{x}, \eta)$ die Merkmale der jeweiligen Hypothese und $< \underline{\boldsymbol{m}}_i, \boldsymbol{m}^*(\boldsymbol{x}, \eta) >$ eine Ähnlichkeitsmetrik zwischen den assoziierten Merkmalsvektoren darstellt. Hierfür wird in vielen Fällen die Minkowski Norm

$$< \underline{\boldsymbol{m}}_i, \boldsymbol{m}^*(\boldsymbol{x}, \eta) > \; := \left(\sum_{j=1}^{n} \left| \underline{m}_{ij} - m^*(\boldsymbol{x}, \eta)_j \right|^r \right)^{\frac{1}{r}} \tag{3.41}$$

verwendet. Für $r = 1$ ergibt sich die Summe der absoluten Differenzen (engl. *Sum of Absolute Differences (SAD)*). Für $r = 2$ ist (3.41) als Summe der quadrierten Differenzen (engl. *Sum of Squared Differences (SSD)*) bekannt [Ben02]. Diese Metriken sind jedoch nicht invariant bezüglich systematischer Fehler, wie beispielsweise eine Änderung der Beleuchtung. Für die hier diskutierte Anwendung wird daher eine Ähnlichkeitsmetrik basierend auf dem Korrelationskoeffizienten vorgeschlagen [Ros11]

$$< \underline{\boldsymbol{m}}_i, \boldsymbol{m}^*(\boldsymbol{x}, \eta) > \; := \; w\,(1 - \rho(\underline{\boldsymbol{m}}_i, \boldsymbol{m}^*(\boldsymbol{x}, \eta)))\,, \tag{3.42}$$

wobei w einen Modellierungsparameter bezeichnet, der für $w > 1$ geringe Ähnlichkeitswerte in der Likelihood-Funktion staucht und große Ähnlichkeitswerte spreizt. Für die Untersuchungen im Rahmen dieser Arbeit hat sich $w = 2$ als ideal erwiesen.

Wie in Kapitel 3.3 angesprochen, führt eine nicht ganzheitliche Segmentierung von Regentropfen zu einer gewissen Ungenauigkeit in Position und Skale. Während die Skale durch das Testen unterschiedlich großer Regentropfenhypothesen $\mathcal{C}^*(\boldsymbol{x}, \eta)$ bestimmt wird, erfolgt eine Korrektur der Position des Objektkandidaten durch Maximierung des Korrelationskoeffizienten in einer lokalen Nachbarschaft $\Omega_i = \left\{\boldsymbol{p} \in \mathbb{R}^2 : \|\boldsymbol{p} - \underline{\boldsymbol{x}}_i\| \leq k\underline{r}_i\right\}, k \in \mathbb{R}$ um den Objektkandidaten.

A-Priori-Wahrscheinlichkeitsverteilung

Die A-Priori-Wahrscheinlichkeitsverteilung $P(\eta)$ modelliert das Vorwissen über die Auftretenswahrscheinlichkeiten der Objektklassen. In Kapitel 2.1.1 wurde bereits die typische Regentropfengrößenverteilung für unterschiedliche Niederschlagsintensitäten diskutiert. Dies zeigt, dass die A-Priori-Wahrscheinlichkeitsverteilung $P(\eta)$ keinesfalls eine vom Kontext unabhängige Verteilung repräsentiert, sondern vielmehr von einem Hyperparameter γ_0 abhängt, der die Form der A-Priori-Wahrscheinlichkeitsverteilung beeinflusst $P(\eta, \gamma_0)$ [Vas97, Cas01]. Mit (3.17) gilt für die A-Posteriori-Wahrscheinlichkeit somit

$$P(\boldsymbol{x}, \eta | \underline{\boldsymbol{m}}_i) \propto \int P(\underline{\boldsymbol{m}}_i | \boldsymbol{x}, \eta) P(\eta, \gamma_0) \mathrm{d}\gamma_0. \tag{3.43}$$

In vielen Fällen wird der Hyperparameter beliebig gewählt um eine aufwendige, vollständige Bayes-Analyse zu umgehen [Goe81]. Für den hier gezeigten Anwendungsfall hat dies den Nachteil, dass nicht auf wechselnde Umgebungsbedingungen und Niederschlagsintensitäten eingegangen werden kann.

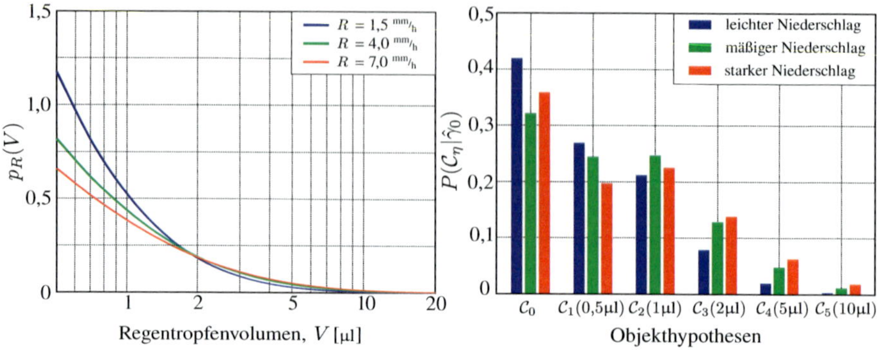

(a) (b)

Abbildung 3.11: Verteilungsdichtefunktionen der Regentropfenvolumen $p_R(V)$ für unterschiedliche Niederschlagsintensitäten (a); Modellierung der A-Priori-Wahrscheinlichkeitsverteilungen für die relevanten Wetterkategorien (b).

Empirische Bayes Verfahren schätzen hingegen den Hyperparameter $\hat{\gamma}_0$ aus den vorliegenden Daten und wählen eine kontextabhängige A-Priori-Wahrscheinlichkeitsverteilung $P(\eta|\hat{\gamma}_0)$ [Vas97]. Die A-Posteriori-Wahrscheinlichkeit berechnet sich dann zu

$$P(\boldsymbol{x}, \eta|\underline{\boldsymbol{m}}_i) \propto P(\underline{\boldsymbol{m}}_i|\boldsymbol{x}, \eta)P(\eta|\hat{\gamma}_0). \tag{3.44}$$

Im Rahmen dieser Arbeit werden kontextabhängige A-Priori-Wahrscheinlichkeitsverteilungen $P(\eta|\hat{\gamma}_0)$ modelliert [Ros11] und der Hyperparameter $\hat{\gamma}_0$ aus den aktuellen Bildinformationen geschätzt [Ros08].

Zunächst werden aus (2.7) Verteilungsdichtefunktionen $p_R(V)$ der Regentropfenvolumen für unterschiedliche Wetterkategorien berechnet. Eine Kategorisierung der Niederschlagsintensität erfolgt auf Basis von Tabelle 2.1:

$$R = \begin{cases} 1{,}5 & \text{wenn } \gamma_0 = \text{leichter Niederschlag} \\ 4{,}0 & \text{wenn } \gamma_0 = \text{mäßiger Niederschlag} \\ 7{,}0 & \text{wenn } \gamma_0 = \text{starker Niederschlag} \end{cases} \tag{3.45}$$

Abbildung 3.11(a) zeigt die Verteilungsdichtefunktionen $p_R(V)$ für die Niederschlagsraten aus (3.45). Die diskreten A-Priori-Wahrscheinlichkeiten der Tropfenhypothesen $P(\eta|\hat{\gamma}_0), \eta \neq 0$ ergeben sich durch Integration dieser Verteilungsdich-

Tabelle 3.2: Integrationsgrenzen zur Bestimmung der diskreten A-Priori-Wahrscheinlichkeiten

η	Tropfenvolumen V	lb	ub
1	1 µl	0,75µl	1,5µl
2	2 µl	1,5µl	3,5µl
3	5 µl	3,5µl	7,5µl
4	10 µl	7,5µl	15µl
5	20 µl	15µl	25µl

tefunktionen innerhalb der Integrationsgrenzen [lb, ub] aus Tabelle 3.2

$$P(\eta|\hat{\gamma}_0) = \int_{\text{lb}}^{\text{ub}} p_R(\varepsilon)\mathrm{d}\varepsilon. \tag{3.46}$$

Für den Fall $\gamma_0 =$ *„kein Niederschlag"* wird eine Gleichverteilung für alle Regentropfenhypothesen angenommen. Die A-Priori-Wahrscheinlichkeiten der Hintergrundhypothese $P(0|\hat{\gamma}_0)$ werden als Vielfaches der maximalen Tropfenwahrscheinlichkeiten modelliert

$$P(0|\hat{\gamma}_0) = a_R \max_{\eta\in\{1,\ldots,h\}} \{P(\eta|\hat{\gamma}_0)\}\,, \tag{3.47}$$

wobei a_R eine Konstante für die relative Häufigkeit von Fehldetektionen in der jeweiligen Niederschlagskategorie bezeichnet und aus Trainingsdaten bestimmt wird.

$$a_R = \begin{cases} 1{,}56 & \text{wenn } \gamma_0 = \text{leichter Niederschlag} \\ 1{,}30 & \text{wenn } \gamma_0 = \text{mäßiger Niederschlag} \\ 1{,}59 & \text{wenn } \gamma_0 = \text{starker Niederschlag} \end{cases} \tag{3.48}$$

Eine gültige Wahrscheinlichkeitsverteilung wird durch abschließende Normierung auf $\sum_\eta P(\eta|\hat{\gamma}_0) = 1$ sichergestellt. Die resultierenden diskreten A-Priori-Wahrscheinlichkeitsverteilungen sind in Abbildung 3.11(b) dargestellt. Ist die vorherrschende Wetterkategorie $\hat{\gamma}_0$ bekannt, kann die entsprechende Verteilung ausgewählt werden.

Für die Schätzung der Wetterkategorie $\hat{\gamma}_0$ aus den aktuellen Bildinformationen findet ein Verfahren zur Wetterklassifikation in Einzelbildern Anwendung, das im

Folgenden kurz vorgestellt wird. Für weitergehende Informationen sei auf [Ros08] verwiesen. Zunächst wird das Bild in 4×3 Zellen unterteilt. Sowohl für jede Zelle als auch für das komplette Bild werden die Verteilungen des lokalen Kontrasts, der Mindesthelligkeit, der Schärfe sowie der Farbstichigkeit und der Sättigung im HSV-Farbraum berechnet. Die Bilder werden dann anhand des resultierenden, 650-dimensionalen Merkmalsvektors mit Hilfe einer linearen SVM den Wetterkategorien $\gamma_0 = \{$*kein Niederschlag*, *leichter Niederschlag*, *mäßiger Niederschlag*, *starker Niederschlag*$\}$ zugeordnet.

3.4 Zusammenfassung

In diesem Kapitel wurde ein Bayes'sches Verfahren zur modellbasierten Erkennung von Regentropfen in Einzelbildern vorgestellt.

Eine Vorsegmentierung von Bildregionen erfolgte hierbei auf Basis von Unschärfe, die ein Merkmal für alle Objekte auf der Windschutzscheibe darstellt und somit eine einfache Erweiterung des vorgestellten Komplettsystems auf andere Störungstypen ermöglicht. Durch Vorausberechnung von Lookup-Tabellen für fünf unterschiedliche Volumen $V = \{1\mu l, 2\mu l, 5\mu l, 10\mu l, 20\mu l\}$ und 4×6 Bildpositionen gelang eine zeiteffiziente Erzeugung von realistischen Regentropfenmustern zur Laufzeit.

Zudem wurde eine Empfindlichkeitsanalyse der Regentropfenmuster gegenüber Modellfehlern durchgeführt. Als maßgeblicher Einfluss konnte der örtliche Diskretisierungsfehler identifiziert werden, der sich aufgrund der starken Einschränkung auf wenige Lookup-Tabellen ergibt. Durch Berücksichtigung der linearen Messempfindlichkeit kann dieser Einfluss jedoch weitgehend kompensiert werden.

Die Bayes'sche Klassifikation der vorsegmentierten Bildbereiche erfolgte mit Hilfe der visuellen Ähnlichkeit zu den Regentropfenmustern. Für die Modellierung der A-Priori-Wahrscheinlichkeitsverteilung kam ein empirisches Bayes-Verfahren zum Einsatz, das die vorherrschende Wettersituation in Einzelbildern schätzt und daraus mit Hilfe der Marshall-Palmer-Verteilung diskrete Wahrscheinlichkeiten für die Existenz der Objektklassen ableitet.

4 Erkennung von Regentropfen in Bildfolgen

Die Aufgabe einer Objektverfolgung besteht in der zuverlässigen Schätzung der Systemzustände ein oder mehrerer Objekte unter Berücksichtigung aller bis zu diesem Zeitpunkt zur Verfügung stehenden Messungen. Der Systemzustand umfasst typischerweise kinematische Größen sowie weitere Eigenschaften und Parameter der Objekte. Eine Messung ist als unsicherheitsbehaftete Beobachtung des Systemzustands zu einem bestimmten Zeitpunkt definiert [BS88]. Maßgeblich für die Performanz der Objektverfolgung ist eine möglichst optimale, örtliche und zeitliche Assoziation der im Allgemeinen großen Anzahl von Messungen zu den verfolgten Objekten (engl. *Tracks*).

Dieses Kapitel behandelt das Problem der Multi-Objekt-Multi-Hypothesen-Verfolgung (engl. *Multi-Target-Multi-Hypothesis-Tracking*). Zunächst stellt Kapitel 4.1 das Bayes-Filter zur rekursiven Zustandsschätzung vor und diskutiert Grundlagen für die Verfolgung mehrerer Objekte und unterschiedlicher Bewegungshypothesen. Kapitel 4.2 führt den entwickelten kontinuierlich-diskreten Bayes-Filter zur Erkennung und Validierung von Regentropfen in Bildfolgen formal ein. In Kapitel 4.3 werden die Anforderungen an den Verfolgungsfilter spezifiziert und der Systementwurf beschrieben, der auf einer Multi-Hypothesen-Verfolgung mit zwei unterschiedlichen Systemmodellen basiert (Kapitel 4.3.1). Kapitel 4.3.2 vergleicht Ansätze für die Datenassoziation, der insbesondere bei Fehlmessungen und bei der Verfolgung mehrerer Objekte ein hoher Stellenwert zukommt. In Kapitel 4.3.3 wird die kinematisch-visuelle Validierung von Regentropfenkandidaten vorgestellt, die auf einem kombinierten Kriterium aus der wahrscheinlichsten Bewegungshypothese und der visuellen Ähnlichkeit des Kandidaten zu den Objektklassen basiert. Kapitel 4.3.4 erläutert abschließend Implementierungsdetails für das Trackmanagement.

4.1 Grundlagen

4.1.1 Rekursive Zustandsschätzung

Das Bayes-Filter schätzt den aktuellen Zustand $\boldsymbol{s}_k$ eines dynamischen Systems zum Zeitpunkt k aus allen zu diesem Zeitpunkt verfügbaren, unsicherheitsbehafteten Beobachtungen $\boldsymbol{z}_1, \boldsymbol{z}_2, \ldots, \boldsymbol{z}_k = \boldsymbol{z}_{1:k}$ und Steuergrößen $\boldsymbol{u}_1, \boldsymbol{u}_2, \ldots, \boldsymbol{u}_k = \boldsymbol{u}_{1:k}$ durch Bestimmung der A-Posteriori-Wahrscheinlichkeitsdichte

$$p(\boldsymbol{s}_k|\boldsymbol{z}_1, \boldsymbol{z}_2, \ldots, \boldsymbol{z}_k, \boldsymbol{u}_1, \boldsymbol{u}_2, \ldots, \boldsymbol{u}_k) = p(\boldsymbol{s}_k|\boldsymbol{z}_{1:k}, \boldsymbol{u}_{1:k}). \tag{4.1}$$

Der Aufwand für die Berechnung von (4.1) steigt jedoch mit der Anzahl an Zeitschritten exponentiell an. Um diesen Ansatz in Form eines rekursiven Schätzverfahrens für Echtzeitanwendungen handhabbar zu gestalten, wird die Markov-Annahme getroffen. Diese besagt, dass der aktuelle Zustand $\boldsymbol{s}_k$ des dynamischen Systems alle relevanten Informationen aus den vorherigen Zeitschritten beinhaltet [Fox03, Thr05]. Daraus resultieren zwei wichtige Vereinfachungen: Zum einen werden die Beobachtungen $\boldsymbol{z}_k$ nur durch den aktuellen Zustand $\boldsymbol{s}_k$ hervorgerufen und zum anderen erfolgt eine Vorhersage des aktuellen Zustands $\boldsymbol{s}_k$ ausschließlich aus dem vorherigen Zeitschritt

$$p(\boldsymbol{z}_k|\boldsymbol{s}_{1:k}, \boldsymbol{u}_{1:k}) = p(\boldsymbol{z}_k|\boldsymbol{s}_k) \tag{4.2}$$

$$p(\boldsymbol{s}_k|\boldsymbol{s}_{1:k-1}, \boldsymbol{u}_{1:k-1}, \boldsymbol{z}_{1:k-1}) = p(\boldsymbol{s}_k|\boldsymbol{s}_{k-1}, \boldsymbol{u}_{k-1}). \tag{4.3}$$

Eine Innovation des Systemzustands $\boldsymbol{s}_k$ ergibt sich aus dem Bayes-Theorem und (4.2) zu

$$p(\boldsymbol{s}_k|\boldsymbol{z}_{1:k}, \boldsymbol{u}_{1:k}) \propto p(\boldsymbol{z}_k|\boldsymbol{s}_k)p(\boldsymbol{s}_k|\boldsymbol{z}_{1:k-1}, \boldsymbol{u}_{1:k}), \tag{4.4}$$

wobei die A-Priori-Wahrscheinlichkeitsdichte des aktuellen Zustands $p(\boldsymbol{s}_k|\boldsymbol{z}_{1:k-1}, \boldsymbol{u}_{1:k})$ aus den Informationen des letzten Zeitschrittes mit Hilfe der Prädiktionsgleichung

$$p(\boldsymbol{s}_k|\boldsymbol{z}_{1:k-1}, \boldsymbol{u}_{1:k}) = \int p(\boldsymbol{s}_k|\boldsymbol{s}_{k-1}, \boldsymbol{u}_k)p(\boldsymbol{s}_{k-1}|\boldsymbol{z}_{1:k-1}, \boldsymbol{u}_{1:k-1})\mathrm{d}\boldsymbol{s}_{k-1} \tag{4.5}$$

bestimmt wird. Durch weitere Annahmen lassen sich aus den allgemeinen Formulierungen des Bayes-Filters in (4.4) und (4.5) eine Vielzahl von Implementierungen ableiten, deren wichtigste Verteter im Folgenden kurz erläutert werden [BS88, Thr05, Mit07]. Eine gute Übersicht über die jeweiligen, speziellen Prädiktions- und Innovationsgleichungen findet sich in [Thr05].

Gauß-Filter

Gauß-Filtern liegt die Idee zugrunde, dass die A-Posteriori-Wahrscheinlichkeitsdichte des Systemzustands $\boldsymbol{s}_k$ einer unimodalen Gauß-Verteilung entspricht und demnach vollständig durch ihre ersten beiden Momente beschrieben werden kann. Zusätzlich zu den Markov-Eigenschaften und der Annahme von normalverteilten Initialwahrscheinlichkeiten ist dies nur für ein lineares stochastisches System gewährleistet. Hierfür werden lineare System- und Beobachtungsmodelle angenommen und ausschließlich mit mittelwertfreiem, Gauß'schem Rauschen mit der Kovarianzmatrix $\boldsymbol{Q}$ bzw. $\boldsymbol{R}$ überlagert

$$\boldsymbol{s}_k = \boldsymbol{A}_k \boldsymbol{s}_{k-1} + \boldsymbol{B}_k \boldsymbol{u}_k + \boldsymbol{\epsilon}_k \qquad \boldsymbol{\epsilon}_k \sim \mathcal{N}(0, \boldsymbol{Q}) \tag{4.6}$$

$$\boldsymbol{z}_k = \boldsymbol{C}_k \boldsymbol{s}_k + \boldsymbol{\delta}_k \qquad \boldsymbol{\delta}_k \sim \mathcal{N}(0, \boldsymbol{R}), \tag{4.7}$$

mit der Zustandsübergangsmatrix $\boldsymbol{A}_k$, der Steuermatrix $\boldsymbol{B}_k$ und der Beobachtungsmatrix $\boldsymbol{C}_k$. Gauß-Filter sind nur für einen kontinuierlichen Zustandsraum anwendbar.

Die wohl bekannteste Implementierung des Gauß-Filters ist das Kalman-Filter (KF). Für ein lineares stochastisches System stellt es den besten erwartungstreuen Schätzer im Sinne der kleinsten Fehlerquadrate dar. Die Annahme eines linearen Zustandsübergangs und eines linearen Beobachtungsmodells sind zwingend notwendig, um eine Normalverteilung der A-Posteriori-Wahrscheinlichkeitsdichte sicherzustellen. Das erweiterte Kalman-Filter (EKF) stellt eine Erweiterung dieser Annahmen auf nichtlineare Systemen dar, indem alle Nichtlinearitäten durch eine Taylor Approximation ersten Grades linear angenähert werden [BS01]. Eine Alternative zum erweiterten Kalman-Filter ist das Unscented Kalman-Filter (UKF). Das UKF zieht charakteristische Sigma-Punkte aus der vorliegenden Wahrscheinlichkeitsdichte, transformiert sie mit Hilfe des nichtlinearen System- bzw. Beobachtungsmodells und bestimmt anschließend die ersten beiden Momente der resultierenden Gauß-Verteilung. Abbildung 4.1 zeigt die Unterschiede zwischen dem erweiterten Kalman-Filter und dem Unscented Kalman-Filter am Beispiel eines nichtlinearen Systemübergangs $\boldsymbol{s}_k = g(\boldsymbol{s}_{k-1})$. In diesem Beispiel schätzt das UKF das erste Moment μ_k der Verteilungsdichte $p(\boldsymbol{s}_k)$ besser als das EKF. Allgemein kann gezeigt werden, dass die Approximationsgüte des UKF einer Taylor Approximation zweiten Grades entspricht, während das EKF nur die linearen Terme berücksichtigt [Thr05]. Daher approximiert das UKF bei nichtlinearen Zustandsübergängen oder Messmodellen die tatsächliche Verteilung besser. Allerdings steht dem - insbesondere in hochdimensionalen Zustandsräumen - ein höherer Rechenaufwand gegenüber.

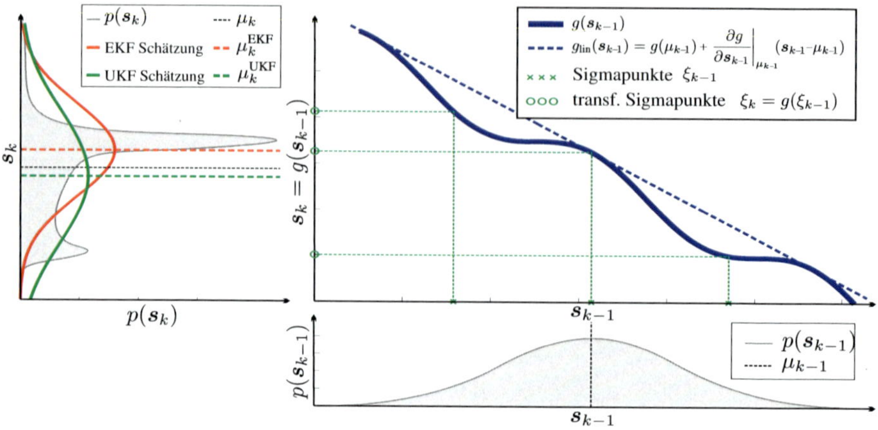

Abbildung 4.1: Vergleich von erweitertem Kalman-Filter und Unscented Kalman-Filter. Während das EKF eine Taylorapproximation ersten Grades der nichtlinearen Übergangsfunktion $s_k = g(s_{k-1})$ um das erste Moment μ_{k-1} der ursprünglichen Verteilung vornimmt, werden beim UKF sogenannte Sigmapunkte $\xi_k = g(\xi_{k-1})$ exakt transformiert und daraus die resultierende Verteilung geschätzt. Das erste Moment μ_k^{UKF} liegt näher an μ_k, als μ_k^{EKF}; nach [Thr05].

Nicht-parametrische Filter

Nicht-parametrische Verfahren treffen keine festen Annahmen über das Aussehen der Wahrscheinlichkeitsdichte, sondern repräsentieren sie entweder durch endlich viele Regionen oder durch endlich viele gezogene Stützstellen.

Das Partikelfilter repräsentiert die Wahrscheinlickeitsdichtefunktion durch eine Dirac-Mischverteilung. Diese endliche Anzahl von gezogenen Stützstellen werden als Partikel bezeichnet [Dju03, Thr05]. Das sogenannte *Importance Sampling* ermöglicht die Konzentration der Partikel in wahrscheinlichen Bereichen des Zustandsraumes [Aru02]. Um sicherzustellen, dass viele Partikel in wahrscheinlichen Bereichen des Zustandsraumes bleiben und sich nicht mit fortlaufender Verfolgungsdauer im hochdimensionalen Zustandsraum verlieren, ist darüber hinaus eine regelmäßige Aktualisierung der Partikel notwendig (engl. *Resampling*).

Das Histogrammfilter zerlegt den Zustandsraum in endlich viele Regionen und approximiert die A-Posteriori-Wahrscheinlichkeitsdichte durch Berechnung der kumulativen Wahrscheinlichkeiten für eine Realisierung des aktuellen Systemzustands innerhalb dieser Regionen. Im Spezialfall eines wertediskreten Zustandsraumes wird dieser Filter auch diskreter Bayes-Filter genannt [Thr05].

4.1.2 Datenassoziation

Die Aufgabe der Datenassoziation besteht in einer möglichst optimalen, räumlichen und zeitlichen Zuordnung von Messungen zu den verfolgten Objekten. Hierbei ist zu beachten, dass sowohl die aktuellen Systemzustände als auch die Messungen unsicherheitsbehaftet sind. Dadurch kann es zu Mehrdeutigkeiten in der Zuordnung kommen. In realen Szenarien ist nicht sichergestellt, dass Objekte in jedem Zeitschritt eine Messung auslösen. Zudem können Fehlmessungen auftreten, die nicht von Objekten hervorgerufen wurden. Insbesondere bei der Multi-Objektverfolgung in realen Szenarien stellt daher die Assoziation der Messungen zu den verfolgten Objekten eine große Herausforderung dar.

Allgemein kann zwischen einer harten (deterministischen) und weichen (probabilistischen) Datenassoziation unterschieden werden. Während im ersten Fall eine Messung höchstens einem Track zugeordnet wird, kann bei einer weichen Datenassoziation eine Messung mehrere Tracks beeinflussen. Für eine ausführliche Diskussion von Datenassoziationsverfahren in Ein- und Multi-Objekt-Verfolgungsfiltern sei auf [BS01, Pul05] verwiesen.

Allen nachfolgend vorgestellten Verfahren geht ein sogenannter Gating-Schritt voraus, der für die Innovation eines Tracks nur Messungen auswählt, deren Residuen innerhalb eines Konfidenzintervalls um den prädizierten Zustand liegen. Bei Annahme des linearen Messmodells aus (4.7) gilt für das Residuum einer Messung

$$\boldsymbol{v}_k = \boldsymbol{z}_k - \boldsymbol{C}_k \boldsymbol{s}_k \tag{4.8}$$

$$\mathrm{cov}\{\boldsymbol{v}_k\} = \mathrm{cov}\{\boldsymbol{z}_k\} + \boldsymbol{C}_k \mathrm{cov}\{\boldsymbol{s}_k | \boldsymbol{z}_{1:k-1}, \boldsymbol{u}_{1:k}\} \, {\boldsymbol{C}_k}^{\mathrm{T}}. \tag{4.9}$$

Bei Annahme von normalverteiltem Messrauschen und normalverteilter Unsicherheit des Systemzustands sind auch die Residuen normalverteilt und die Mahalanobis-Distanz zwischen Messung und Objekt unterliegen einer χ^2-Verteilung mit zwei Freiheitsgraden

$$d^2 = {\boldsymbol{v}_k}^{\mathrm{T}} \mathrm{cov}\{\boldsymbol{v}_k\}^{-1} \boldsymbol{v}_k \sim \chi_2^2. \tag{4.10}$$

Somit kann ein Konfidenzbereich $\kappa\sigma$ gewählt werden, innerhalb diesem eine vom Objekt ausgelöste Messung mit der Wahrscheinlichkeit P_κ liegt. Messungen außerhalb dieses Konfidenzbereichs werden als Ausreißer behandelt und nicht für die Innovation des jeweiligen Tracks in Betracht gezogen. Typischerweise werden Konfidenzbereiche für $\kappa = [1; 2; 3]$ gewählt. Die zugehörigen Wahrscheinlichkeiten, dass eine vom Objekt ausgelöste Messung innerhalb des Konfidenzbereichs liegt, ergibt sich für zwei Freiheitsgrade zu $P_\kappa = [0{,}393; 0{,}865; 0{,}989]$ [BS88].

Nächste-Nachbarn Assoziation (NN): Ein deterministisches Verfahren für die Zuordnung der Messungen zu den verfolgten Objekten ist die Nächste-Nachbarn (engl. *Nearest Neighbor (NN)*) Assoziation. Sie ordnet den Tracks in jedem Zeitschritt eine noch nicht verwendete Messung gemäß der kleinsten Mahalanobis-Distanz zu. Dieses Verfahren ist äußerst schnell, die Zuordnung ist allerdings suboptimal, da es nicht das globale Minimierungsproblem für alle verfolgten Objekte löst. Der NN-Algorithmus versagt bei vielen *Falschmessungen* (engl. *tracking in clutter*) oder wenn das Messrauschen im Verhältnis zum Abstand der verfolgten Objekte sehr groß ist.

Probabilistische Datenassoziation (PDA): Zu den weichen Zuordnungsverfahren gehört die probabilistische Datenassoziation (engl. *Probabilistic Data Association (PDA)*). Dieses Verfahren geht von genau einem relevanten Objekt aus, das in jedem Zeitschritt maximal eine Messung auslöst. Alle anderen Messungen resultieren aus Störungen und werden als unabhängig und identisch verteilt modelliert. Im Gegensatz zu einer harten Zuordnung wird bei der PDA eine gewichtete Innovation des Objektzustands $\boldsymbol{s}_k$ basierend auf der Menge aller Messungen $\mathcal{Z}_k = \left\{\boldsymbol{z}_k^1, \ldots, \boldsymbol{z}_k^n\right\}$ innerhalb seiner Validierungsregion durchgeführt

$$p(\boldsymbol{s}_k|\mathcal{Z}_k) = \sum_{j=0}^{n} p(\boldsymbol{s}_k|\theta_k^j, \mathcal{Z}_k)p(\theta_k^j|\mathcal{Z}_k), \tag{4.11}$$

wobei $\theta_k^j, j > 0$ für das Ereignis steht, dass im Zeitschritt k Messung j durch das relevante Objekt ausgelöst wurde. Das Ereignis θ_k^0 bedeutet, dass im Zeitschritt k keine Messung von dem verfolgten Objekt stammt. Die ersten beiden Momente der resultierenden Gauß-Mischverteilung bilden den korrigierten Systemzustand.

Gemeinsame probabilistische Datenassoziation (JPDA): Eine Verfolgung von mehreren Objekten kann die vom PDA-Filter getroffene Annahme von unabhängig und identisch verteilten Messungen massiv verletzen. Insbesondere eine fortdauernde Interferenz dicht beisammen liegender Tracks vermindert die Performanz des PDA-Filters beträchtlich. Die gemeinsame probabilistische Datenassoziation (engl. *Joint Probabilistic Data Association (JPDA)*) stellt eine Erweiterung der PDA für die Multi-Objekt-Verfolgung dar. Die JPDA strebt ein globales Optimum der Zuordnung unter Berücksichtigung aller kombinatorischen Möglichkeiten der Verbundereignisse $\theta_k^{ij}, i = 1, \ldots, m, j = 1, \ldots, n$ zwischen allen m Tracks und n Messung zum Zeitschritt k an. Allerdings wächst auch der Rechenaufwand kombinatorisch mit der Anzahl an Objekthypothesen.

4.1.3 Multi-Hypothesen Schätzung

Dem Systemmodell kommt bei der Objektverfolgung eine wesentliche Rolle zu. Fehlende Kenntnisse über die Objektbewegung oder ein zeitvariantes Bewegungsverhalten mussten bisher durch ϵ_k in (4.6) berücksichtigt werden. Große Systemvarianzen vermindern allerdings die Performanz des Verfolgungsfilters. In vielen Applikationen bietet sich die Verwendung mehrerer Systemmodelle an. Je nach Art des Modellübergangs wird zwischen kooperierenden (engl. *Cooperating Multiple-Model (CMM)*) und autonomen (engl. *Autonomous Multiple-Model (AMM)*) Multi-Modell-Estimatoren unterschieden [RL05].

Die CMM Strategien basieren auf der Grundidee, dass der Zustand eines allgemeinen, zeitvarianten Systems durch eines von mehreren Bewegungsmodellen korrekt beschrieben wird. In jedem Zeitschritt k kann das Bewegungsmodell wechseln, wobei die Übergänge zwischen den Modellen als Markov-Prozesse mit den Übergangwahrscheinlichkeiten π_{ij} für einen Wechsel von Modell i nach Modell j modelliert werden. Abbildung 4.2(a) zeigt diese Strategie. In der Praxis werden für jeden Track mehrere Hypothesen parallel prädiziert und mit den Messungen korrigiert. Abschließend erfolgt eine Modellwahl auf Basis des modellierten Markov-Prozesses. Ein Sonderfall der CMM Strategie ist das interagierende Multi-Modell (engl. *Interacting Multiple Model (IMM)*). Hierbei wird eine kombinierte Schätzung des Systemzustands aus einer Linearkombination der Bewegungsmodelle gewonnen. Populäre Anwendungsfelder des IMM-Filters ist die Verfolgung von manövrierenden Objekten im Straßenverkehr sowie in der Luft- und Raumfahrt [BS88, BS01, Hof07].

Im Gegensatz dazu wird bei den AMM Strategien von einem zwar unbekannten aber zeitinvarianten Bewegungsverhalten des verfolgten Objekts ausgegangen (Abbildung 4.2(b)). Bei diesen Ansätzen liegt das Ziel in einer Trackvalidierung bzw. in einer Zuordnung des Bewegungsverhaltens der verfolgten Objekte zu einer von mehreren möglichen Hypothesen. Die Modellwahl kann durch einen sequentiellen Hypothesentest (engl. *Sequential Probability Ratio Test (SPRT)*) [Wal45, Li02, Lat11] herbeigeführt werden, der im Folgenden erläutert wird.

Seien für die Herkunft einer Sequenz von unabhängig und identisch verteilten Messungen $\boldsymbol{z}_1, \boldsymbol{z}_2, \ldots, \boldsymbol{z}_k$ die Hypothesen formuliert, dass sie der Wahrscheinlichkeitsdichte f_0 bzw. f_1 entstammen

$$H_0 \,:\, \boldsymbol{z}_1, \boldsymbol{z}_2, \ldots, \boldsymbol{z}_k \sim f_0(\boldsymbol{z}) \tag{4.12}$$

$$H_1 \,:\, \boldsymbol{z}_1, \boldsymbol{z}_2, \ldots, \boldsymbol{z}_k \sim f_1(\boldsymbol{z}), \tag{4.13}$$

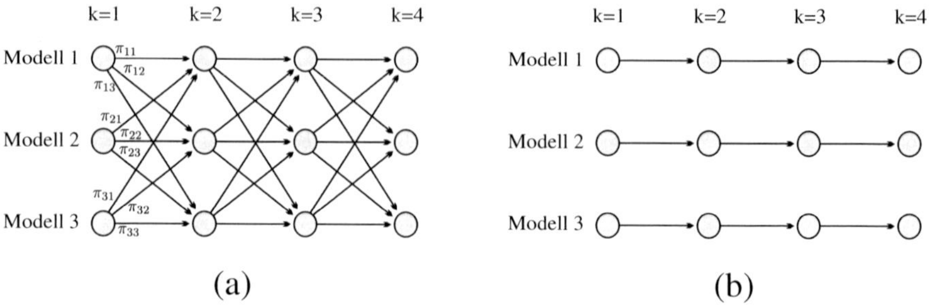

Abbildung 4.2: Multi-Modell Strategien nach [RL05]. Beim kooperierenden Multi-Modell Filter werden Modellübergänge von Modell i nach Modell j mit der Wahrscheinlichkeit π_{ij} zugelassen (a). Das autonome Multi-Modell Filter unterbindet jeglichen Modellwechsel, da es von einem zwar unbekannten aber zeitinvarianten Bewegungsverhalten ausgeht (b).

dann ist der Likelihood Quotient zwischen beiden Hypothesen definiert zu

$$L_k = \frac{\prod_{\tau=1}^{k} f_0(\boldsymbol{z}_\tau)}{\prod_{\tau=1}^{t} f_1(\boldsymbol{z}_\tau)} \tag{4.14}$$

und es gelten folgende Entscheidungsregeln zur Annahme einer Hypothese

$$\text{SPRT} = \begin{cases} \text{akzeptiere } H_0 & \text{wenn } L_k \geq T_0 \\ \text{akzeptiere } H_1 & \text{wenn } L_k \leq T_1 \\ \text{treffe keine Entscheidung} & \text{sonst.} \end{cases} \tag{4.15}$$

Die Entscheidungsschwellen $T_0 = \frac{1-\beta}{\alpha}$ und $T_1 = \frac{\beta}{1-\alpha}$ basieren auf den geforderten Irrtumswahrscheinlichkeiten $\alpha = P(\text{akzeptiere } H_0|H_1)$ und $\beta = P(\text{akzeptiere } H_1|H_0)$.

Eine Erweiterung des SPRT für $n > 2$ Hypothesen ist in [Dra99] gegeben zu

$$L_{k,i} = \frac{\prod_{\tau=1}^{k} f_i(\boldsymbol{z}_\tau)}{\prod_{\tau=1}^{k} \max\limits_{j=1,\ldots,n,j\neq i} \{f_j(\boldsymbol{z}_\tau)\}}, \tag{4.16}$$

wobei $L_{k,i}$ das Likelihood-Verhältnis zwischen der Hypothese H_i und den restlichen Hypothesen unter Berücksichtigung aller bis zum Zeitpunkt k aufgetretenen Messungen bezeichnet.

4.2 Formale Beschreibung des kontinuierlich-diskreten Bayes-Filters

Dieses Kapitel gibt einen formalen Überblick über das entwickelte Verfahren zur Verfolgung von Regentropfen in Bildsequenzen und führt alle verwendeten Begriffsdefinitionen für Kapitel 4.3 ein.

Der Zustandsvektor $\boldsymbol{s}_k = [\boldsymbol{x}_k, \eta_k]^{\mathrm{T}}$ besteht aus der Position $\boldsymbol{x}_k$ des Objekts im Bild sowie einem Skalar $\eta_k, \eta \in \{0, \ldots, h\}$ für die (diskrete) Hypothesenklasse. Eine Messung $\underline{\boldsymbol{z}}_k = [\underline{\boldsymbol{x}}_k, \underline{\boldsymbol{m}}_k]^{\mathrm{T}}$ ist aus Kapitel 3.2 als markante Bildregion mit Schwerpunkt $\underline{\boldsymbol{x}}_k$ und den Merkmalen $\underline{\boldsymbol{m}}_k$ gegeben[1]. Der Radius der Bildregionen $\underline{r}_k$ wird nicht als Messgröße herangezogen, da sich dieser aus der Skale des Blob-Detektors ergibt und somit eine zu große Unsicherheit aufweist.

Prädiktionsgleichung

Während die Objektposition $\boldsymbol{x}$ in Verfolgungsfiltern als kontinuierliche Variable modelliert wird, beschreibt $\eta \in \{0, \ldots, h\}$ die diskrete Hypothesenklasse aus Kapitel 3.3.2. Daraus ergibt sich die Prädiktionsgleichung aus (4.5) zu

$$\begin{aligned} p(\boldsymbol{x}_k, \eta_k \mid & \ \underline{\boldsymbol{x}}_{1:k-1}, \underline{\boldsymbol{m}}_{1:k-1}, \boldsymbol{u}_{1:k}) \\ &= \sum_{\eta_{k-1}=0}^{h} \int p(\boldsymbol{x}_k, \eta_k | \boldsymbol{x}_{k-1}, \eta_{k-1}, \boldsymbol{u}_k) \\ &\quad p(\boldsymbol{x}_{k-1}, \eta_{k-1} | \underline{\boldsymbol{x}}_{1:k-1}, \underline{\boldsymbol{m}}_{1:k-1}, \boldsymbol{u}_{1:k-1}) \mathrm{d}\boldsymbol{x}_{k-1}. \end{aligned} \tag{4.17}$$

Abbildung 4.3(a) zeigt das allgemeine grafische Modell für den diskutierten Anwendungsfall. Im Folgenden werden die getroffenen Annahmen für das Zustandsübergangsmodell und das Beobachtungsmodell vorgestellt. Das daraus resultierende grafische Modell ist in Abbildung 4.3(b) gegeben.

Annahme 1: Beim Zustandsübergang wird η_k als bedingt unabhängig von $\boldsymbol{x}_k$ und $\boldsymbol{u}_k$ bei gegebenem η_{k-1} modelliert. Es gilt

$$p(\boldsymbol{x}_k, \eta_k | \boldsymbol{x}_{k-1}, \eta_{k-1}, \boldsymbol{u}_k) = p(\eta_k | \eta_{k-1}) p(\boldsymbol{x}_k | \boldsymbol{x}_{k-1}, \eta_{k-1}, \boldsymbol{u}_k). \tag{4.18}$$

[1] Notationsvereinbarungen: Der Index $()_k$ benennt den jeweiligen Zeitschritt. Zur besseren Lesbarkeit werden desweiteren Messungen mit $\underline{()}$ gekennzeichnet. Existieren mehrere Tracks, wird dies mit dem Laufindex $()^i$ gekennzeichnet. Messungen werden, wenn nötig, mit dem Laufindex $()^j$ unterschieden, beispielsweise $\underline{\boldsymbol{z}}_k^j$ ist die j-te Messung zum Zeitschritt k.

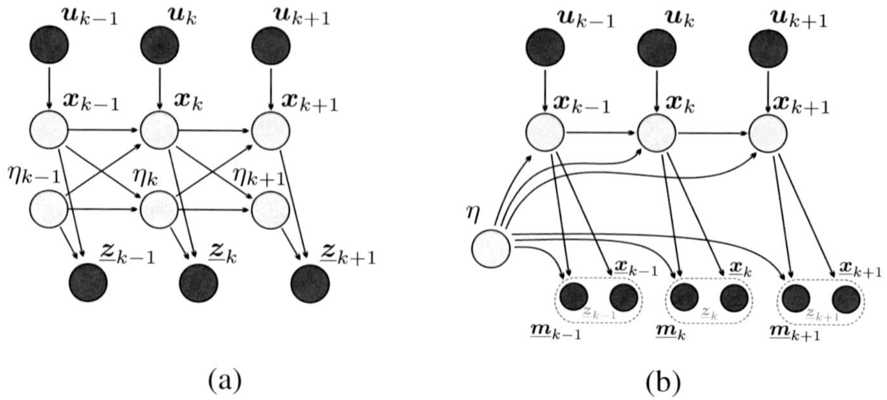

Abbildung 4.3: Allgemeines grafisches Modell eines kontinuierlich-diskreten Bayes-Filters (a); Resultierendes grafisches Modell aus den getroffenen Modellierungsannahmen (b).

Annahme 2: Das kontinuierlich-diskrete Bayes-Filter wird als autonomes Multi-Modell-Filter nach Abbildung 4.2(b) konzipiert. Das bedeutet, ein Modellwechsel wird ausgeschlossen

$$p(\eta_k|\eta_{k-1}) = \delta_{\eta_k,\eta_{k-1}}, \tag{4.19}$$

wobei $\delta_{\eta_k,\eta_{k-1}}$ das Kronecker-Delta bezeichnet. Die Objektklasse ist demnach zwar unbekannt, aber zeitinvariant. Es gilt: $\eta_k = \eta_{k-1} = \eta$.

Einsetzen von (4.18)-(4.19) in (4.17) ergibt die Prädiktionsgleichung des hier modellierten, kontinuierlich-diskreten Bayes-Filters

$$\begin{aligned} p(\boldsymbol{x}_k, \eta_k \ | \ & \underline{\boldsymbol{x}}_{1:k-1}, \underline{\boldsymbol{m}}_{1:k-1}, \boldsymbol{u}_{1:k}) \\ &= \delta_{\eta_k,\eta_{k-1}} \int p(\boldsymbol{x}_k|\boldsymbol{x}_{k-1}, \eta_{k-1}, \boldsymbol{u}_k) \\ &\quad p(\boldsymbol{x}_{k-1}, \eta_{k-1}|\underline{\boldsymbol{x}}_{1:k-1}, \underline{\boldsymbol{m}}_{1:k-1}, \boldsymbol{u}_{1:k}) \mathrm{d}\boldsymbol{x}_{k-1}. \end{aligned} \tag{4.20}$$

Als Steuergröße $\underline{\boldsymbol{u}}_k$ wird die Geschwindigkeit des Egofahrzeugs eingeführt. Sie wird für das Prädiktionsmodell der Szenenpunkte ($\eta = 0$) verwendet.

Innovationsgleichung

Aus (4.4) folgt die Innovationsgleichung des Bayes-Filters zu

$$\begin{aligned} p(\boldsymbol{x}_k, \eta_k \mid & \ \underline{\boldsymbol{x}}_{1:k}, \underline{\boldsymbol{m}}_{1:k}, \underline{\boldsymbol{u}}_{1:k}) \\ & \propto p(\underline{\boldsymbol{x}}_k, \underline{\boldsymbol{m}}_k | \boldsymbol{x}_k, \eta_k) p(\boldsymbol{x}_k, \eta_k | \underline{\boldsymbol{x}}_{1:k-1}, \underline{\boldsymbol{m}}_{1:k-1}, \boldsymbol{u}_{1:k}). \end{aligned} \tag{4.21}$$

Annahme 3: Die beobachtete Position der Messung $\underline{\boldsymbol{x}}_k$ und seine Merkmale $\underline{\boldsymbol{m}}_k$ sind voneinander unabhängig. Darüber hinaus hängt $\underline{\boldsymbol{x}}_k$ bei gegebener Position des Systemzustands $\boldsymbol{x}_k$ nicht von der Objektklasse η_k ab

$$p(\underline{\boldsymbol{x}}_k, \underline{\boldsymbol{m}}_k | \boldsymbol{x}_k, \eta_k) = p(\underline{\boldsymbol{x}}_k | \boldsymbol{x}_k) p(\underline{\boldsymbol{m}}_k | \boldsymbol{x}_k, \eta_k). \tag{4.22}$$

Dies hat zur Folge, dass sich die Likelihood-Funktion aus (4.22) in zwei unabhängige Terme aufteilt: eine Likelihood-Funktion $p(\underline{\boldsymbol{x}}_k | \boldsymbol{x}_k)$ für das Bewegungsverhalten der Messung und eine Likelihood-Funktion $p(\underline{\boldsymbol{m}}_k | \boldsymbol{x}_k, \eta_k)$ für die Merkmale aus Kapitel 3.3.4.

4.3 Systementwurf eines Bayes-Filters für Regentropfen

Eine Implementierung des kontinuierlich-diskreten Bayes-Filters soll das Verfolgen von einer *großen Anzahl* an Regentropfenkandidaten in *Echtzeit* ermöglichen. Darüber hinaus ist eine *Verifikation* der Kandidaten anhand ihres Bewegungsverhaltens beabsichtigt. Als Messdaten stehen *monokulare Bildsequenzen* und *Odometriedaten* aus einem integrierten Navigationssystem (INS) zur Verfügung.

Diese Arbeit konzentriert sich auf die Erkennung von Regentropfen unterschiedlicher Größe. Wie in Kapitel 2.4 gezeigt, unterscheidet sich deren Bewegungsverhalten deutlich von dem der umgebenden Szene. Das Verhalten der Regentropfenklassen untereinander ist jedoch sehr ähnlich. Aus diesem Grund werden zwei Systemmodelle entworfen. Modell I beschreibt das Bewegungsprofil von Regentropfen ($\eta \in \{1, \ldots, h\}$), die dem Kamerareferenzsystem zugehören. Systemmodell II berücksichtigt das Verhalten von starren Szenenpunkten ($\eta = 0$) bei einer Bewegung des Egofahrzeugs. Um eine Echtzeitfähigkeit des Systems auch bei großer Trackanzahl sicherzustellen wird der Systemzustand auf zwei Dimensionen reduziert und ausschließlich die Bildpositionen $\boldsymbol{x}$ der Objekte verfolgt.

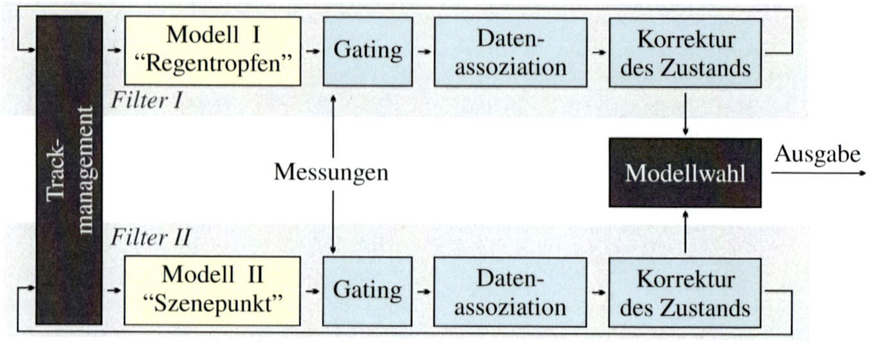

Abbildung 4.4: Schematischer Aufbau des autonomen Multi-Modell-Filters.

Die Umsetzung des kontinuierlich-diskreten Bayes-Filters erfolgt als autonomer Multi-Modell-Filter nach Abbildung 4.4. Für jeden Regentropfenkandidaten werden zwei Filterinstanzen erzeugt und unabhängig voneinander betrieben. Während der Prädiktionsschritt der Filterinstanzen mit unterschiedlichen Modellen durchgeführt wird, ist das Vorgehen bei der Assoziation der Messungen und der Korrektur des Zustands identisch. Nach jedem Zeitschritt werden mit einem sequentiellen Hypothesentest diejenigen Tracks ausgegeben, die dem typischen Bewegungsverhalten und visuellem Erscheinungsbild von Regentropfen entsprechen. So erfolgt bereits nach wenigen Zeitschritten eine Verifikation von Regentropfenkandidaten.

Die vorliegende Arbeit vollzieht eine vollständige Bayes'sche Modellierung der Erkennungsaufgabe. Eine harte Klassifikationsentscheidung zum Zeitpunkt der Einzelbilderkennung wird umgangen. In Hinblick auf die benötigte Rechenzeit werden dennoch sehr unwahrscheinliche Regentropfenkandidaten verworfen und nur diejenigen in Betracht gezogen, für die nach (3.40) gilt:

$$\max_{\eta \in \{1,\dots,h\}} P(\underline{\boldsymbol{m}}|\boldsymbol{x},\eta) > t_{\mathrm{ML}} P(\underline{\boldsymbol{m}}|\boldsymbol{x},0), \tag{4.23}$$

mit $t_{\mathrm{ML}} = 0{,}7$. Im Folgenden werden die einzelnen Blöcke des autonomer Multi-Modell-Filters aus Abbildung 4.4 näher beschrieben.

4.3.1 Systemmodelle

Auf Basis der theoretischen und experimentellen Untersuchungen in Kapitel 2.4 werden in diesem Abschnitt die Bewegungsmodelle von Regentropfen (Modell I) und starren Szenenpunkten (Modell II) vorgestellt.

Bewegung von Regentropfen

Regentropfen mit einem Volumen von $0 - 20\mu l$ haften an Windschutzscheiben mit typischen Neigungswinkeln von $20 - 25°$ an (Kapitel 2.4.2). Erst ab einer Anströmung von circa $7 - 9\frac{m}{s}$ startet bei größeren Tropfen eine betragsmäßig geringe, aufwärtsgerichtete Bewegung. Kleinere Regentropfen haften wesentlich länger an der Windschutzscheibe an. Die Variation der Bewegungsprofile verschieden großer Regentropfen ist sehr gering und es konnte experimentell kein signifikanter Einfluss der Tropfengröße auf die Fließgeschwindigkeit nachgewiesen werden. Daher wird für Regentropfen ein Modell konstanter Position verwendet und geringe Fließgeschwindigkeiten der Regentropfen als Unsicherheit in der Systemkovarianzmatrix modelliert. Die Prädiktionsgleichungen eines Regentropfens ergeben sich somit zu

$$\hat{\boldsymbol{x}}_{k,\mathrm{I}}^{-} = \hat{\boldsymbol{x}}_{k-1,\mathrm{I}} \tag{4.24}$$

$$\boldsymbol{P}_{k,\mathrm{I}}^{-} = \boldsymbol{P}_{k-1,\mathrm{I}} + \boldsymbol{Q}_{k-1,\mathrm{I}}. \tag{4.25}$$

Die Kovarianzmatrix $\boldsymbol{Q}_{k-1,\mathrm{I}}$ für das Systemrauschen wird in vielen Anwendungen als zeitlich konstant angenommen. Für die hier diskutierte Anwendung kann durch das Variieren von $\boldsymbol{Q}_{k-1,\mathrm{I}}$ eine steigende Modellunsicherheit bei wachsender Fahrzeuggeschwindigkeit modelliert werden.

Bewegung von Szenenpunkten

Bei einer Translation der Kamera unterliegen starre Szenepunkte nach Kapitel 2.4.1 einer perspektivischen Bewegung in der Bildebene. Ist die Eigenbewegung des Fahrzeugs sowie die Tiefe des 3D Szenenpunktes bekannt, kann der Szenenpunkt nach (2.55) exakt prädiziert werden.

Im Rahmen dieser Arbeit werden monokulare Bildsequenzen verwendet. Demnach existieren keine Tiefeninformationen und es muss eine geeignete Modellierung der Szene erfolgen. Diese sollte möglichst robust gegenüber ungünstigen Witterungsbedingungen sein und nicht auf zusätzlichen Sensordaten beruhen. Daher erfolgt eine Projektion der Szene auf definierte Ebenen, deren Bewegungen im Bild durch Homographien beschrieben werden können [Har04].

Eine Homographie ist eine projektive Transformation zwischen zwei Ebenen. Dabei bleiben Kollinearität und die Reihenfolge von Punkten auf Geraden (z.B. Schnittpunkte mit anderen Geraden) erhalten. Aufgrund der Ebenenannahme kann solch eine projektive Transformation durch eine 3×3 Homographiematrix $\boldsymbol{H}$

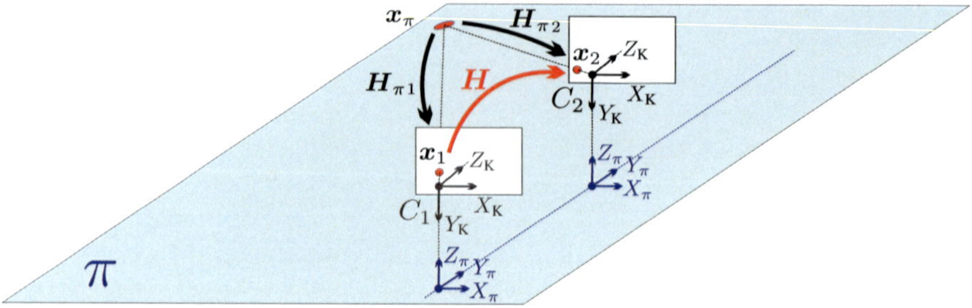

Abbildung 4.5: Darstellung der von der Fahrbahnebene induzierten Homographie zwischen den Bildpunkten von zwei Kameras.

ausgedrückt werden. Abbildung 4.5 zeigt ein Beispiel. Es existiert eine perspektivische Transformation zwischen der Bildebene der ersten Kamera und der Fahrbahnebene $\mathsf{x}_1 \simeq \boldsymbol{H}_{\pi 1}\mathsf{x}_\pi$ sowie zwischen der Bildebene der zweiten Kamera und der Fahrbahnebene $\mathsf{x}_2 \simeq \boldsymbol{H}_{\pi 2}\mathsf{x}_\pi$ [Har04]. Die Vektoren $\mathsf{x}_1, \mathsf{x}_2$ bzw. x_π bezeichnen hierbei die homogenen Koordinaten der korrespondierenden Bildpunkte $\boldsymbol{x}_1, \boldsymbol{x}_2 \in \mathbb{R}^2$ bzw. eines Punkts $\boldsymbol{x}_\pi \in \mathbb{R}^2$ auf der Fahrbahnebene. Daraus berechnet sich die von der Fahrbahnebene induzierte Homographie $\boldsymbol{H}$ zwischen den Bildpunkten $\mathsf{x}_1, \mathsf{x}_2$ der beiden Kameras zu

$$\mathsf{x}_2 \simeq \boldsymbol{H}\mathsf{x}_1 \simeq \boldsymbol{H}_{\pi 2}\boldsymbol{H}_{\pi 1}^{-1}\mathsf{x}_1. \tag{4.26}$$

Im Folgenden wird die Beziehung in (4.26) genutzt, um die geometrische Szene um das Fahrzeug, wie in Abbildung 4.6(a) gezeigt, komplett durch Homographien zu beschreiben. Sei $\boldsymbol{K}$ die Kalibriermatrix aus (2.31), $\boldsymbol{H}_{\pi\mathrm{C}}$ eine Homographie zwischen der Ebene π in der Welt und der Kamera und $\boldsymbol{H}_{\pi\pi,k}$ eine Homographie zur Beschreibung der Verschiebung der Ebene π von Zeitschritt k nach Zeitschritt $k+1$, dann kann die Homographie $\boldsymbol{H}_k$ zwischen den Bildpunkten der Kamera von Zeitschritt k nach Zeitschritt $k+1$ berechnet werden zu

$$\boldsymbol{H}_{\boldsymbol{k}} = \boldsymbol{K}\boldsymbol{H}_{\pi\mathrm{C}}\boldsymbol{H}_{\pi\pi,k}\boldsymbol{H}_{\pi\mathrm{C}}^{-1}\boldsymbol{K}^{-1}. \tag{4.27}$$

Für die Berechnung der Homographien wird eine dynamische Änderung der Kamerahöhe über Grund sowie der Nick-, Gier- und Wankwinkel vernachlässigt. Dadurch kann $\boldsymbol{H}_{\pi\mathrm{C}}$ als zeitinvariant angesehen werden.

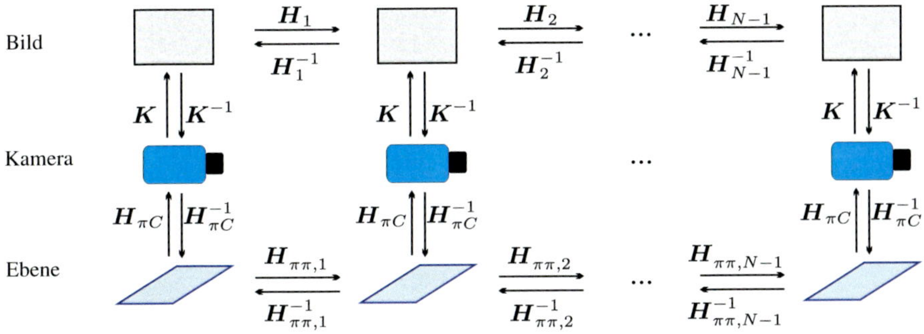

(a)

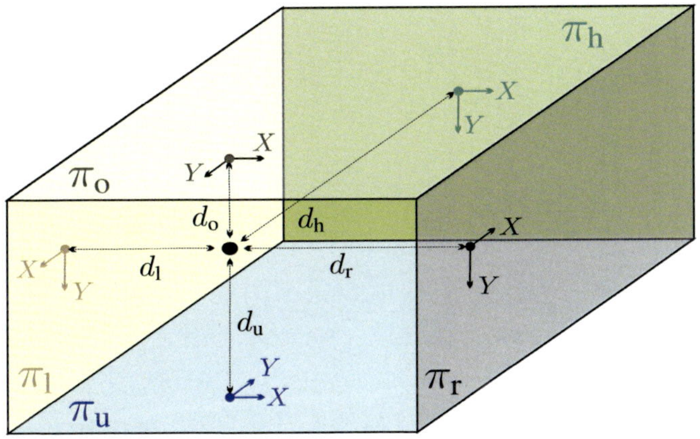

(b)

Abbildung 4.6: Homographie-basierte Beschreibung der Szene zur Transformation zwischen unterschiedlichen Koordinatensystemen (a); Geometrische Modellierung des Fahrzeugumfelds durch die fünf Ebenen $\pi_u, \pi_o, \pi_l, \pi_r, \pi_h$ (b).

Mit (4.27) können alle starren Szenepunkte prädiziert werden, die auf der Ebene π liegen. Im Folgenden wird ein Fahrzeugumfeldmodell aus fünf Ebenen entwickelt, das eine homographie-basierte Prädiktion aller Szenenpunkte ermöglicht. Abbildung 4.6(b) zeigt die fünf Ebenen $(\pi_u, \pi_o, \pi_l, \pi_r, \pi_h)$ zur Beschreibung des Fahrzeugumfelds. Jede dieser Ebenen induziert jeweils eine Homographie $(\boldsymbol{H}_{u,k}, \boldsymbol{H}_{o,k}, \boldsymbol{H}_{l,k}, \boldsymbol{H}_{r,k}, \boldsymbol{H}_{h,k})$.

Sei $\boldsymbol{R}_{\mathrm{C}}$ eine Rotationsmatrix zur Korrektur der konstanten Nick-, Gier- und Wankwinkel θ, ϕ, ϑ der Kamera im Kamerakoordinatensystem

$$\boldsymbol{R}_{\mathrm{C}} = \begin{bmatrix} \cos\vartheta & -\sin\vartheta & 0 \\ \sin\vartheta & \cos\vartheta & 0 \\ 0 & 0 & 1 \end{bmatrix} \begin{bmatrix} \cos\phi & 0 & \sin\phi \\ 0 & 1 & 0 \\ -\sin\phi & 0 & \cos\phi \end{bmatrix} \begin{bmatrix} 1 & 0 & 0 \\ 0 & \cos\theta & -\sin\theta \\ 0 & \sin\theta & \cos\theta \end{bmatrix}, \quad (4.28)$$

dann sind die Rotationsmatrizen zwischen den Koordinatensystemen der fünf Ebenen des Fahrzeugumfelds und der Kamera definiert zu

$$\begin{aligned} \boldsymbol{R}_{\pi_{\mathrm{u}}\mathrm{C}} &= \boldsymbol{R}_{\mathrm{C}} \begin{bmatrix} 1 & 0 & 0 \\ 0 & 0 & -1 \\ 0 & 1 & 0 \end{bmatrix} & \boldsymbol{R}_{\pi_{\mathrm{o}}\mathrm{C}} &= \boldsymbol{R}_{\mathrm{C}} \begin{bmatrix} 1 & 0 & 0 \\ 0 & 0 & 1 \\ 0 & -1 & 0 \end{bmatrix} \\ \boldsymbol{R}_{\pi_{\mathrm{l}}\mathrm{C}} &= \boldsymbol{R}_{\mathrm{C}} \begin{bmatrix} 0 & 0 & 1 \\ 0 & 1 & 0 \\ -1 & 0 & 0 \end{bmatrix} & \boldsymbol{R}_{\pi_{\mathrm{r}}\mathrm{C}} &= \boldsymbol{R}_{\mathrm{C}} \begin{bmatrix} 0 & 0 & -1 \\ 0 & 1 & 0 \\ 1 & 0 & 0 \end{bmatrix} \\ \boldsymbol{R}_{\pi_{\mathrm{h}}\mathrm{C}} &= \boldsymbol{R}_{\mathrm{C}} \begin{bmatrix} 1 & 0 & 0 \\ 0 & 1 & 0 \\ 0 & 0 & 1 \end{bmatrix}. \end{aligned} \quad (4.29)$$

Wie in Abbildung 4.6(b) illustriert, ist die Translation des Koordinatenursprungs aus dem Abstand der Kamera zu den fünf Ebenen gegeben

$$\boldsymbol{T}_{\pi_i\mathrm{C}} = -\boldsymbol{R}_{\pi_i\mathrm{C}} \begin{bmatrix} 0 \\ 0 \\ d_i \end{bmatrix} \qquad i \in \{\mathrm{u}, \mathrm{o}, \mathrm{l}, \mathrm{r}, \mathrm{h}\}\,. \quad (4.30)$$

Aus (4.29) und (4.30) ergeben sich die Homographien $\boldsymbol{H}_{\pi_i\mathrm{C}}, i \in \{\mathrm{u}, \mathrm{o}, \mathrm{l}, \mathrm{r}, \mathrm{h}\}$ zu

$$\boldsymbol{H}_{\pi_i\mathrm{C}} = \left[\, \boldsymbol{r}^1_{\pi_i\mathrm{C}}\ \boldsymbol{r}^2_{\pi_i\mathrm{C}}\ \boldsymbol{T}_{\pi_i\mathrm{C}} \,\right], \quad (4.31)$$

wobei $\boldsymbol{r}^j_{\pi_i\mathrm{C}}$ die j-te Spalte der Rotationsmatrix $\boldsymbol{R}_{\pi_i\mathrm{C}}$ bezeichnet.

Die Homographien $\boldsymbol{H}_{\pi_i\pi_i,k}$ für eine Transformation von Punkten einer Ebene von Zeitschritt k nach Zeitschritt $k+1$ werden wie folgt modelliert

$$\boldsymbol{H}_{\pi_\mathrm{u}\pi_\mathrm{u},k} = \begin{bmatrix} 1 & 0 & 0 \\ 0 & 1 & -\Delta T_k \\ 0 & 0 & 1 \end{bmatrix} \qquad \boldsymbol{H}_{\pi_\mathrm{o}\pi_\mathrm{o},k} = \begin{bmatrix} 1 & 0 & 0 \\ 0 & 1 & +\Delta T_k \\ 0 & 0 & 1 \end{bmatrix}$$

$$\boldsymbol{H}_{\pi_\mathrm{l}\pi_\mathrm{l},k} = \begin{bmatrix} 1 & 0 & +\Delta T_k \\ 0 & 1 & 0 \\ 0 & 0 & 1 \end{bmatrix} \qquad \boldsymbol{H}_{\pi_\mathrm{r}\pi_\mathrm{r},k} = \begin{bmatrix} 1 & 0 & -\Delta T_k \\ 0 & 1 & 0 \\ 0 & 0 & 1 \end{bmatrix} \tag{4.32}$$

$$\boldsymbol{H}_{\pi_\mathrm{h}\pi_\mathrm{h},k} = \begin{bmatrix} 1 & 0 & 0 \\ 0 & 1 & 0 \\ 0 & 0 & -\Delta T_k \end{bmatrix}.$$

Die Verschiebung ΔT_k der Kamera in Richtung der Fahrzeuglängsachse berechnet sich aus der Fahrzeuggeschwindigkeit $\boldsymbol{v}_{k+1}$ und der Zeit $(t_{k+1} - t_k)$ zwischen den diskreten Zeitschritten k und $k+1$. Die Homographien $\boldsymbol{H}_{i,k}, i \in \{\mathrm{u}, \mathrm{o}, \mathrm{l}, \mathrm{r}, \mathrm{h}\}$ zur perspektivischen Transformation der Bildpunkte von k nach $k+1$ sind abschließend durch Einsetzen von (4.31)-(4.32) in (4.27) gegeben.

Für den Prädiktionsschritt mit Systemmodell II wird zunächst diejenige Ebene ermittelt, die vom Sichtstrahl $\mathbf{x}_{k,\mathrm{II}}$ als erstes geschnitten wird. Dann wird der Zustand mit Hilfe der zugehörigen Homographie gemäß $\boldsymbol{x}_{k+1,\mathrm{II}} = \boldsymbol{f}(\boldsymbol{x}_{k,\mathrm{II}}, \boldsymbol{v}_{k+1}, \boldsymbol{\epsilon}_{k,\mathrm{II}})$ prädiziert. Hierfür findet ein EKF Anwendung. Die Fahrzeuggeschwindigkeit $\boldsymbol{v}_{k+1}$ wird als Steuergröße vorgegeben und stammt aus einem integrierten Navigationssystem (INS). Die Prädiktionsgleichungen sind gegeben zu

$$\hat{\boldsymbol{x}}^-_{k,\mathrm{II}} = \boldsymbol{f}(\hat{\boldsymbol{x}}_{k-1,\mathrm{II}}, \boldsymbol{v}_k, \boldsymbol{0}) \tag{4.33}$$

$$\boldsymbol{P}^-_{k,\mathrm{II}} = \boldsymbol{A}_k \boldsymbol{P}_{k-1,\mathrm{II}} \boldsymbol{A}_k{}^\mathrm{T} + \boldsymbol{W}_k \boldsymbol{Q}_{k-1,\mathrm{II}} \boldsymbol{W}_k{}^\mathrm{T}, \tag{4.34}$$

wobei

$$\boldsymbol{A}_k = \left.\frac{\partial \boldsymbol{f}}{\partial \boldsymbol{x}}\right|_{\hat{\boldsymbol{x}}_{k-1,\mathrm{II}}, \boldsymbol{v}_k, \boldsymbol{0}} \quad \text{bzw.} \quad \boldsymbol{W}_k = \left.\frac{\partial \boldsymbol{f}}{\partial \boldsymbol{\epsilon}}\right|_{\hat{\boldsymbol{x}}_{k-1,\mathrm{II}}, \boldsymbol{v}_k, \boldsymbol{0}}$$

die Jakobi-Matrizen mit den partiellen Ableitungen der Funktion $\boldsymbol{f}$ nach dem Zustand bzw. nach dem Systemrauschen bezeichnen.

Die Projektion der Szene auf fünf Ebenen stellt eine stark vereinfachte Annahme dar und führt bei der Prädiktion von Szenenpunkten, die nicht auf diesen Ebenen liegen, zu Parallaxenfehlern. Zudem werden keine dynamischen Änderungen der Nick-, Gier- und Wankwinkel modelliert, wodurch Fehler in der relativen Lage der Ebenen zur Kamera entstehen können. Mögliche Auswirkungen auf die Performanz des Filters und auf die Modellwahl werden in Kapitel 4.3.3 untersucht.

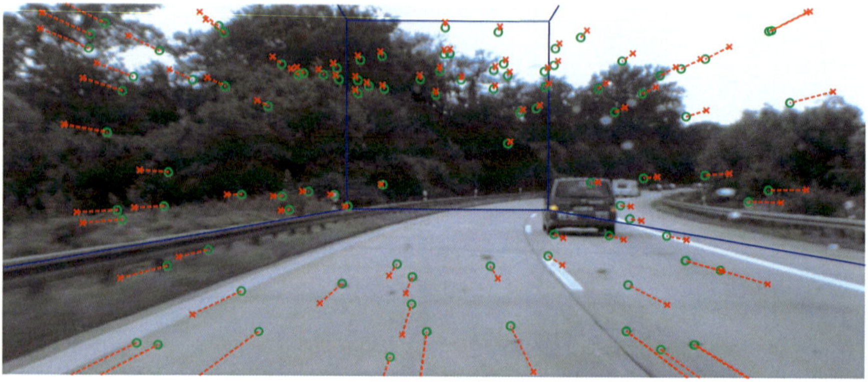

Abbildung 4.7: Prädiktion von potenziellen Regentropfen mit dem Systemmodell I für Regentropfen (grün) und dem Systemmodell II für Szenenpunkte (rot). Der blaue Quader visualisiert die Modellierung des Fahrzeugumfelds mit fünf Ebenen.

4.3.2 Datenassoziation

Die Assoziation von Messungen zu den vorhandenen Tracks erfolgt auf Basis der Likelihood-Funktion in (4.22). Sie setzt sich aus einer Ähnlichkeit des Bewegungsverhaltens sowie einer Ähnlichkeit der beobachteten Merkmale zusammen. Im Folgenden werden zwei Verfahren für die Datenassoziation implementiert, die diese Informationen verwenden.

Nächste-Nachbarn Assoziation

Eine Möglichkeit ist die Zuordnung der Messungen durch eine Nächste-Nachbarn Assoziation. Seien $\boldsymbol{v}_{k,m}$ die Residuen zwischen allen Messungen im Konfidenzbereich und einem vorhandenen Track in Filter m zum Zeitschritt k, so kann als Kriterium eine gewichtete Summe aus der Mahalanobis-Distanz der Residuen

$$d_{k,m}^{\mathrm{M}} = \sqrt{\boldsymbol{v}_{k,m}{}^{\mathrm{T}} \mathrm{cov}\{\boldsymbol{v}_{k,m}\}^{-1}\, \boldsymbol{v}_{k,m}} \qquad \forall m \in \{\mathrm{I}, \mathrm{II}\} \tag{4.35}$$

herangezogen werden. Mit der Ähnlichkeitsmetrik aus (3.42) gilt

$$\begin{aligned} d_{k,\mathrm{I}}^{\mathrm{L}} &= \min_{\eta \in \{1,\ldots,h\}} \{< \underline{\boldsymbol{m}}_k, \boldsymbol{m}^*(\boldsymbol{x},\eta) >\} \\ d_{k,\mathrm{II}}^{\mathrm{L}} &= < \underline{\boldsymbol{m}}_k, \boldsymbol{m}^*(\boldsymbol{x},0) > . \end{aligned} \tag{4.36}$$

Mit den Gewichtungsfaktoren w_1, w_2 für die beiden Einzelkriterien ergibt sich das Kriterium für die Assoziation der besten Messung zu

$$\underline{\boldsymbol{z}}_{k,m}^{j} = \arg \min_{\underline{\boldsymbol{z}} \in \mathcal{Z}_{k,m}^{G}} \left\{ w_1 d_{k,m}^{\mathrm{M}} + w_2 d_{k,m}^{\mathrm{L}} \right\} \qquad \forall m \in \{\mathrm{I}, \mathrm{II}\}\,. \tag{4.37}$$

Es wird somit aus der Menge aller im Konfidenzbereich liegenden Messungen $\mathcal{Z}_{k,m}^{G}$ zum Zeitschritt k diejenige Messung $\underline{\boldsymbol{z}}_{k,m}^{j}$ ausgewählt, die den kleinsten Abstand im Sinne der vorgeschlagenen Metrik besitzt.

Da sowohl Messungen als auch Tracks in der Bildebene vorliegen, ist die Beobachtungsmatrix gleich der Einheitsmatrix ($\boldsymbol{C} = \boldsymbol{I}$) und es können die Innovationsgleichungen[2] des Kalman-Filters verwendet werden

$$\hat{\boldsymbol{x}}_k = \hat{\boldsymbol{x}}_k^- + \boldsymbol{G}_k \left(\underline{\boldsymbol{z}}_k^j - \hat{\boldsymbol{x}}_k^- \right) \tag{4.38}$$

$$\boldsymbol{P}_k = \left(\boldsymbol{I} - \boldsymbol{G}_k \right) \boldsymbol{P}_k^- \,. \tag{4.39}$$

Die Kalman-Verstärkungs-Matrix $\boldsymbol{G}_k$ ist in diesem Fall gegeben zu

$$\boldsymbol{G}_k = \boldsymbol{P}_k^- \left(\boldsymbol{P}_k^- + \boldsymbol{R} \right)^{-1} , \tag{4.40}$$

wobei $\boldsymbol{R}$ die Kovarianzmatrix des Messrauschens darstellt.

Probabilistische Datenassoziation

Als Vergleichsverfahren wird ein PDA-Filter implementiert, der insbesondere bei vielen Falschmessungen eine deutlich höhere Performanz aufweist. Mit (4.37) wird eine Likelihood-Funktion für die Zuordnung von Messung j zum untersuchten Track modelliert

$$e_{k,m}^{j} = \exp^{-\left(w_1 d_{k,m}^{\mathrm{M}} + w_2 d_{k,m}^{\mathrm{L}} \right)} \qquad \forall \underline{\boldsymbol{z}}_k^j \in \mathcal{Z}_{k,m}^{G}, m \in \{\mathrm{I}, \mathrm{II}\}\,. \tag{4.41}$$

Daraus ergibt sich die diskrete Wahrscheinlichkeitsverteilung für die Zuordnung der Messungen zum untersuchten Track zu

$$\beta_{k,m}^{j} \overset{!}{=} p(\theta_{k,m}^{j} | \mathcal{Z}_k) = \frac{e_{k,m}^{j}}{\sum_{i=0}^{n} e_{k,m}^{i}} \qquad \forall m \in \{\mathrm{I}, \mathrm{II}\}\,. \tag{4.42}$$

[2]Der Korrekturschritt ist für beide Zweige des Multi-Modell-Filters identisch, weshalb in den angegebenen Innovationsgleichungen nicht explizit zwischen dem Zustand von Modell I und Modell II unterschieden wird. Es gilt zu beachten, dass aufgrund der unterschiedlichen Systemmodelle und der Assoziation verschiedener Messungen in (4.37) im Allgemeinen gilt: $\hat{\boldsymbol{x}}_{k,\mathrm{I}} \neq \hat{\boldsymbol{x}}_{k,\mathrm{II}}, \boldsymbol{P}_{k,\mathrm{I}} \neq \boldsymbol{P}_{k,\mathrm{II}}$.

Dabei bezeichnet $e^0_{k,m}$ das Likelihood für eine ausbleibende Messung. Mit den Residuen $\boldsymbol{v}^j_k, j = 1 \ldots, n$ zwischen den Messungen und dem Track erfolgt im PDA-Filter die Korrektur des Zustands probabilistisch auf Basis aller n Messungen im Konfidenzbereich

$$\hat{\boldsymbol{x}}_k = \hat{\boldsymbol{x}}^-_k + \boldsymbol{G}_k \sum_{j=1}^{n} \beta^j_k \boldsymbol{v}^j_k \tag{4.43}$$

$$\boldsymbol{P}_k = \beta^0_k \boldsymbol{P}^-_k + (1 - \beta^0_k) \left(\begin{bmatrix} 1 & 0 \\ 0 & 1 \end{bmatrix} - \boldsymbol{G}_k \right) \boldsymbol{P}^-_k + \widetilde{\boldsymbol{P}}_k, \tag{4.44}$$

wobei $\widetilde{\boldsymbol{P}}_k$ für die Unsicherheit in der Herkunft der Messung steht und sich aus der Varianz der verwendeten Messungen ergibt [BS88].

Die Problematik einer Multi-Objektverfolgung legt die Verwendung eines JPDA-Filters nahe, da dieser eine möglichst optimale Zuordnung der Messungen zu dicht beisammen liegenden oder sich kreuzenden Tracks ermöglicht. Durch die Betrachtung des globalen Datenassoziationsproblems wird allerdings für die hier diskutierte Aufgabenstellung keine signifikante Performanzsteigerung erwartet, die den höheren Rechenaufwand eines JPDA-Filters rechtfertigen würde. Dies hat folgende Gründe: Im Gegensatz zu klassischen Anwendungsszenarien, wie beispielsweise das Verfolgen von Verkehrsteilnehmern im Fahrzeugumfeld, existieren bei der Aufgabenstellung der Regentropfenerkennung keine Verdeckungen. Treffen Regentropfen auf der Windschutzscheibe zusammen, verschmelzen sie miteinander. Dies kann im Trackmanagement zuverlässig erkannt und durch das Zusammenführen der jeweiligen Tracks gelöst werden. Aufgrund der Abmessungen von Regentropfen sind darüber hinaus die Tracks stets voneinander separiert. Dies erlaubt eine isolierte Betrachtung jedes Tracks.

Vergleich von Assoziationsverfahren

Die Auswahl eines geeigneten Assoziationsverfahrens erfolgt auf Basis einer Untersuchung der möglichen Zuordnungen von insgesamt 90000 Messungen in repräsentativen Regensequenzen. Der Konfidenzbereich der Tracks beträgt hierbei 3σ [BS88].

Abbildung 4.8(a) zeigt ein Histogramm der möglichen Trackzuordnungen für eine Messung. Insgesamt können 51,3% der Messungen keinem der exisiterenden Tracks zugeordnet werden. Dies resultiert zum einen aus Fehlmessungen und zum

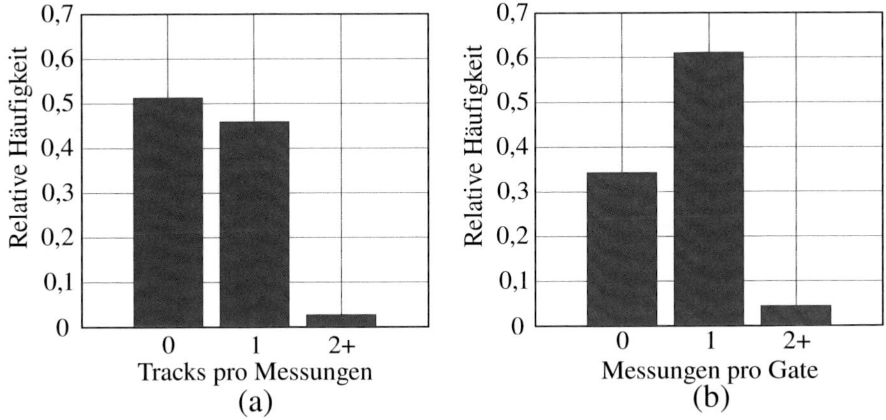

Abbildung 4.8: Anzahl möglicher Tracks, durch die eine Messung ausgelöst werden konnte (a) und Anzahl an Messungen, die innerhalb eines Konfidenzbereichs liegen (b).

anderen aus der hohen Dynamik in Regensequenzen, wodurch viele Regentropfen hinzukommen und neue Tracks intitialisiert werden müssen. Für 45,9% der Messungen erfolgt eine eindeutige Zuordnung, da sie im Konfidenzbereich genau eines Tracks liegen. Es existierten nur 2,8% Überlappungen, bei denen eine mehrdeutige Assoziation der Messung möglich ist. Aufgrund dieses geringen Anteils an Überlappungen kann für den hier gezeigten Anwendungsfall die Aufgabe der Multi-Objektverfolgung separiert und auf eine global optimale Datenassoziation mittels JPDA-Filter verzichtet werden.

Abbildung 4.8(b) zeigt ein Histogramm der im Konfidenzbereich eines Tracks liegenden Messungen. In nur 4,5% der Gates liegen zwei oder mehr Messungen, für die eine probabilistische Zuordnung förderlich sein könnte. Daher wird im Rahmen dieser Arbeit eine Nächste-Nachbarn Assoziation verwendet.

4.3.3 Modellwahl

Die bisherigen Abschnitte beschreiben die Verfolgung von Objekten mit unterschiedlichen Bewegungsmodellen. Nun soll durch eine kinematisch-visuelle Validierung diejenigen Tracks ermittelt werden, die dem Bewegungsmodell und dem Aussehen eines Regentropfens entsprechen. Hierfür wird ein sequentieller Hypothesentest nach Kapitel 4.1.3 entwickelt.

Sequentieller Hypothesentest

Alle Objekte der Klassen $\eta > 0$ repräsentieren Regentropfen und werden mit einem einzigen Bewegungsmodell, Modell I, beschrieben. Szenenpunkte $\eta = 0$ verhalten sich hingegen gemäß Systemmodell II. Mit der Likelihood-Funktion in (4.22) ergibt sich für das Likelihood-Verhältnis L_k zwischen Hypothese I und Hypothese II

$$L_k = \frac{\prod_{\tau=1}^{k} \varpi_{\tau,\mathrm{I}} \mathcal{N}(\boldsymbol{v}_{\tau,\mathrm{I}} | \boldsymbol{0}, \boldsymbol{S}_{\tau,\mathrm{I}})}{\prod_{\tau=1}^{k} \varpi_{\tau,\mathrm{II}} \mathcal{N}(\boldsymbol{v}_{\tau,\mathrm{II}} | \boldsymbol{0}, \boldsymbol{S}_{\tau,\mathrm{II}})}. \tag{4.45}$$

Die Residuen zwischen den Messungen und den prädizierten Systemzuständen werden hierbei mit $\boldsymbol{v}_{\tau,i}$ bezeichnet und ihre Kovarianzmatrizen sind zu $\boldsymbol{S}_{\tau,i} = \boldsymbol{P}_{\tau,i}^{-} + \boldsymbol{R}$, $i \in \{\mathrm{I}, \mathrm{II}\}$ gegeben. Die Faktoren $\varpi_{\tau,i}, i \in \{\mathrm{I}, \mathrm{II}\}$ modellieren die visuelle Ähnlichkeit der Messungen zu einem Regentropfen bzw. einem Szenenpunkt mit Hilfe von (3.40)

$$\varpi_{\tau,\mathrm{I}} = \max_{\eta \in \{1,\ldots,h\}} \left\{ \exp^{-<\underline{\boldsymbol{m}}_\tau, \boldsymbol{m}^*(\boldsymbol{x},\eta)>} \right\} \tag{4.46}$$

$$\varpi_{\tau,\mathrm{II}} = \exp^{-<\underline{\boldsymbol{m}}_\tau, \boldsymbol{m}^*(\boldsymbol{x},0)>} . \tag{4.47}$$

Eine logarithmische Darstellung von (4.45), das sogenannte das Log-Likelihood-Verhältnis, ergibt sich zu

$$\begin{aligned} l_k &= \log\left(L_k\right) \\ &= l_{k-1} + \log\left(\mathcal{N}(\boldsymbol{v}_{k,\mathrm{I}} | \boldsymbol{0}, \boldsymbol{S}_{k,\mathrm{I}})\right) + \log\left(\varpi_{k,\mathrm{I}}\right) \\ &\quad - \log\left(\mathcal{N}(\boldsymbol{v}_{k,\mathrm{II}} | \boldsymbol{0}, \boldsymbol{S}_{k,\mathrm{II}})\right) - \log\left(\varpi_{k,\mathrm{II}}\right) \\ &= l_{k-1} - \frac{1}{2} \log\left(|\boldsymbol{S}_{k,\mathrm{I}}|\right) - \frac{1}{2} \boldsymbol{v}_{k,\mathrm{I}}{}^{\mathrm{T}} \boldsymbol{S}_{k,\mathrm{I}}^{-1} \boldsymbol{v}_{k,\mathrm{I}} + \log\left(\varpi_{k,\mathrm{I}}\right) \\ &\quad + \frac{1}{2} \log\left(|\boldsymbol{S}_{k,\mathrm{II}}|\right) + \frac{1}{2} \boldsymbol{v}_{k,\mathrm{II}}{}^{\mathrm{T}} \boldsymbol{S}_{k,\mathrm{II}}^{-1} \boldsymbol{v}_{k,\mathrm{II}} - \log\left(\varpi_{k,\mathrm{II}}\right), \end{aligned} \tag{4.48}$$

was eine zeiteffiziente, rekursive Berechnung des Kriteriums in jedem Zeitschritt ermöglicht. Die Hypothese „Regentropfen“ wird für das Log-Likelihood-Verhältnis $l_k > t_\mathrm{I}$ akzeptiert. Ab $l_k < t_\mathrm{II}$ entscheidet sich das Filter für die Hypothese „Szenenpunkt“. In den restlichen Fällen wird zum Zeitpuntk k keine Hypothese präferiert. Abbildung 4.9 zeigt die Ergebnisse der Modellwahl für Regentropfenkandidaten mit den Schwellwerten $t_\mathrm{I} = t_\mathrm{II} = 3$.

(a)

(b) (c) (d)

Abbildung 4.9: Validierung von Regentropfenkandidaten durch Wahl eines Bewegungsmodells. Modell I für $l_k > t_{\mathrm{I}} = 3$ (rot), Modell II für $l_k < t_{\mathrm{II}} = 3$ (gelb).

Auswirkung von Parallaxenfehlern

Aufgrund der Annahme von Projektionsebenen und konstanten Nick-, Gier- und Wankwinkel in Systemmodell II können deutliche Parallaxenfehler bei der Prädiktion von Szenenpunkten entstehen. Diese müssen durch entsprechend große Eigenwerte in der Systemkovarianzmatrix berücksichtigt werden.

Abbildung 4.10 (a-d) zeigen den zeitlichen Verlauf der Prädiktionen mit Systemmodell I (rot) und Systemmodell II (gelb) sowie der Messungen (blau) eines Szenenpunktes und eines Regentropfens für unterschiedlich entfernte Ebenen $d = \{2\text{m}, 4\text{m}, 6\text{m}, 8\text{m}\}$. Abbildung 4.10(e-f) zeigen das jeweilige Log-Likelihood-Verhältnis. Für zu nah angenommene Ebenen wird der Szenenpunkt deutlich zu weit prädiziert (Abbildung 4.10 (a)), wird eine Ebene modelliert, die weiter entfernt ist als der Szenenpunkt, erfolgt eine zu geringe Prädiktion (Abbildung 4.10 (c)). Bei extremen Modellverletzungen kann es zum Ablösen des Tracks kommen (Szenenpunkt in Abbildung 4.10 (d)), weil sich die zugehörige Messung nicht mehr im Konfidenzbereich des Tracks befindet.

Wie in Abbildung 4.10(e-f) gezeigt, wurden beide Objektkandidaten in der Einzelbilderkennung als Regentropfen klassifiziert und gemäß dieses Ergebnisses mit einem Log-Likelihood-Verhältnis von $l_0 > 0$ initialisiert (Szenenpunkt mit $l_0 = 0{,}88$, Regentropfen mit $l_0 = 2{,}11$). Nach bereits zwei Zeitschritten kann jedoch deutlich zwischen Szenenpunkt und Regentropfen unterschieden werden. Der Parallaxenfehler wirkt sich nur sehr gering auf das Log-Likelihood-Verhältnis aus, solange die Messung im Konfidenzbereich des prädizierten Systemzustands

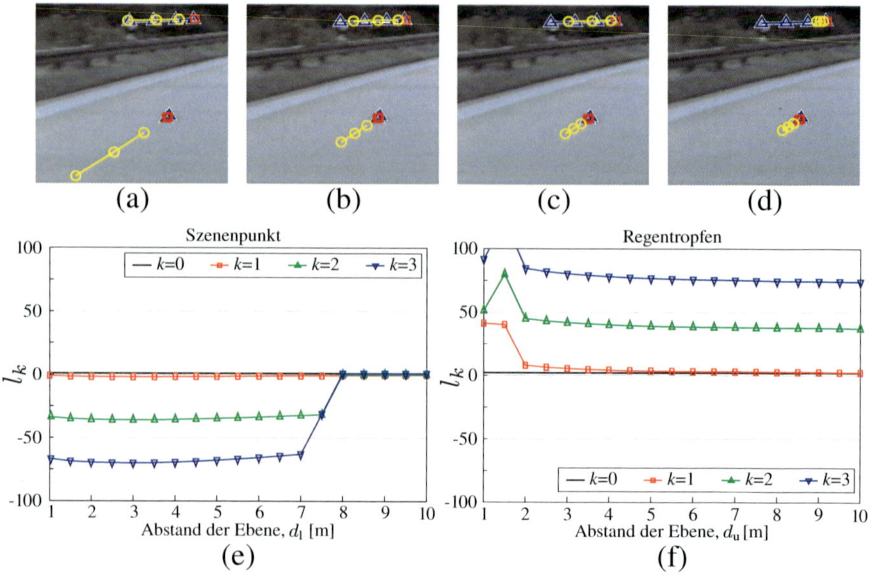

Abbildung 4.10: Auswirkung von Parallaxenfehlern auf das Log-Likelihood-Verhältnis. Bei der Prädiktion von Szenenpunkten, die nicht auf den modellierten Ebenen $d = \{2m,4m,6m,8m\}$ liegen, entstehen teilweise beträchtliche Parallaxenfehler (a-d). Dadurch kann es zum Ablösen des Tracks kommen (d). Auf die Performanz der Modellwahl hat dies kaum Einfluss. Bereits nach $k = 2$ Zeitschritten kann eine deutliche Unterscheidung von Szenenpunkt und Regentropfen getroffen werden. Nur in Extremfällen verliert l_k an Aussagekraft (e) ($d_l > 7$m).

von Filter II liegt (Abbildung 4.10(e) für $d_l = 1 - 7$m und Abbildung 4.10(f) für $d_u = 1{,}5 - 10$m). Löst sich der Track des Filters II von der Messung, steigt das Log-Likelihood-Verhältnis stark an, wodurch die Hypothese „Regentropfen" präferiert wird. Handelt es sich bei dem verfolgten Objekt tatsächlich um einen Regentropfen, ist das Ablösen des Tracks aus Filters II erwünscht, weil dadurch die Hypothese „Szenenpunkt" innerhalb kürzester Zeit verworfen wird (Abbildung 4.10(f) für $d_u = 1 - 1{,}5$m). Handelt es sich bei dem verfolgten Objekt um einen Szenenpunkt (Abbildung 4.10(e) für $d_l = 7 - 10$m), dann erwartet man demnach auch ein Ansteigen des Log-Likelihood-Verhältnisses und eine Fehlklassifikation des Objektkandidaten. Dies ist nicht der Fall, da sich bei einem Szenenpunkt der Track des Filters I ebenfalls von der Messung löst. Das Log-Likelihood-Verhältnis verliert dadurch teilweise seine Aussagekraft und eine Modellwahl erfolgt ausschließlich auf Basis der visuellen Ähnlichkeit der Objektkandidaten.

Diese Arbeit konzentriert sich auf die Verfolgung von Regentropfen. Modell II wird lediglich als Referenz zur Verifikation von Regentropfen durch (4.48) verwendet. Für diese Zwecke ist die Beschreibung des Fahrzeugumfelds durch fünf Ebenen gerechtfertigt. Parallaxenfehler wirken sich kaum auf die Modellwahl aus. Das einzige Risiko einer falschen Modellannahme besteht darin, dass ein Tropfenkandidat nur auf Basis der visuellen Ähnlichkeit validiert werden kann.

4.3.4 Trackmanagement

Der dynamische Auftreffprozess von Regentropfen auf der Windschutzscheibe stellt hohe Anforderungen an das Trackmanagement. Zum einen muss eine schnelle Reaktionszeit des Filters auf neue Objekte gewährleistet werden, zum anderen ist ein Beenden von Tracks wichtig, da in jedem Zeitschritt insbesondere bei der Prädiktion von Szenenpunkten viele Tracks den Erfassungsbereich des Sensors verlassen. Darüber hinaus existiert eine erhebliche Anzahl an Fehlmessungen, die schnellstmöglich vom Filter verworfen werden sollen. Die einzelnen Aufgabenbereiche des Trackmanagements werden daher im Folgenden näher betrachtet.

Initialisieren von Tracks

Werden Objekte detektiert, die nicht den bestehenden Tracks zugeordnet werden können, müssen neue Filterinstanzen erzeugt werden. Dadurch werden jedoch auch Fehldetektionen initialisiert, da sich diese in der Regel nicht im Konfidenzbereich eines bestehenden Tracks befinden. Um diesen Effekt zu mindern, müssen folgende zwei Bedingungen für die Initialisierung eines neuen Tracks erfüllt sein:

- Die Messung kann weder Filter I noch Filter II zugeordnet werden.
- Die Messung befindet sich in der Kandidatenliste $\mathcal{Z}^{\text{MAP}}$ aus (3.21).

Ein neuer Track wird stets in beiden Filtern initialisiert. Da zum Zeitpunkt der Initialisierung ($k = 0$) noch keine Bewegungsinformationen vorliegen, wird für die Berechnung des Log-Likelihood-Verhältnisses ausschließlich die visuelle Ähnlichkeit $\varpi_{0,\text{I}}, \varpi_{0,\text{II}}$ angenommen. Das initiale Log-Likelihood-Verhältnis ist somit gegeben zu

$$l_0 = \log(\varpi_{0,\text{I}}) - \log(\varpi_{0,\text{II}}) . \tag{4.49}$$

Darüber hinaus werden die Kovarianzmatrizen gemäß $\boldsymbol{P}_{0,\text{I}} = \boldsymbol{P}_{0,\text{II}} = \boldsymbol{P}_0$ initialisiert und die Größe der initialisierten Messung gespeichert, die sich aus der wahrscheinlichsten Regentropfenklasse $\eta \in \{1, \ldots, h\}$ ergibt.

Beenden von Tracks

Ein wichtiger Schritt im Trackmanagement ist das Entfernen von fehlerhaften Tracks. Sie bedeuten nicht nur Falsch-Positiv Erkennungen, sondern binden auch Messungen, die ursprünglich zu korrekten Tracks gehören. Dies mindert die Performanz des Filters beträchtlich.

Fehlerhafte Tracks können durch initialisierte Fehldetektionen oder durch Falsch-Assoziationen hervorgerufen werden. Als Kriterium für das Entfernen eines solchen Tracks werden die jeweils größten Eigenwerte $\lambda_{k,\mathrm{I}}^{\max}$, $\lambda_{k,\mathrm{II}}^{\max}$ der Kovarianzmatrizen $\boldsymbol{P}_{k,\mathrm{I}}$, $\boldsymbol{P}_{k,\mathrm{II}}$ betrachtet. Übersteigen beide einen Schwellwert

$$\min_{i\in\{\mathrm{I},\mathrm{II}\}} \left\{\lambda_{k,i}^{\max}\right\} > t_c, \tag{4.50}$$

wird der Track beendet. Eine weitere Ursache für fehlerhafte Tracks sind Objekte die den Erfassungsbereich des Sensors verlassen. Dabei werden folgende Fälle unterschieden: Verlässt ein Objekt aus Filter I (Regentropfen) den Bildbereich, wird der Track aus beiden Filtern gelöscht. Verlässt ein Objekt aus Filter II (Szenenpunkt) den Erfassungsbereich des Sensors, wird zunächst das Log-Likelihood-Verhältnis überprüft. Für $l_k < t_{\mathrm{II}}$ handelt es sich mit hoher Wahrscheinlichkeit um einen Szenenpunkt und der Track wird aus beiden Filtern entfernt. Anderenfalls wird Filter II (Szenenpunkt) mit der Objektposition aus Filter I re-initialisiert und das Log-Likelihood-Verhältnis beibehalten.

Einen Spezialfall für den hier gezeigten Anwendungsfall stellt das planmäßige Beenden aller Tracks bei Durchgang des Scheibenwischers dar. Diese Aktion ist an keine weiteren Bedingungen geknüpft. Passiert der Scheibenwischer den Erfassungsbereich des Sensors, werden alle Tracks in beiden Filtern beendet.

Filterausgabe

Die Ausgabe des Verfolgungsfilters besteht aus einer Liste aller Tracks, die ein regentropfentypisches Bewegungsverhalten aufweisen. Für diese Tracks darf der größte Eigenwerte von Filter I den Schwellwert t_a nicht überschreiten und das Filter muss die Hypothese „Regentropfen“ akzeptieren

$$\lambda_{k,\mathrm{I}}^{\max} <= t_a \tag{4.51}$$

$$l_k > t_{\mathrm{I}}. \tag{4.52}$$

Alle restlichen Objekte verbleiben zwar im Filter und werden weiter verfolgt, sie werden allerdings nicht als erkannte Regentropfen ausgegeben.

Zusammenführen von Tracks

Im Gegensatz zu klassischen Anwendungsszenarien der Multi-Objektverfolgung existieren bei dem in dieser Arbeit gezeigten Anwendungsfall keine Verdeckungen. Treffen Regentropfen auf der Windschutzscheibe zusammen, verschmelzen sie miteinander. Alle Tracks aus Filter I mit einem Log-Likelihood-Verhältnis $l_k > t_{\mathrm{I}}$ werden daher auf Überlappung geprüft und gegebenenfalls kombiniert.

4.4 Zusammenfassung

In diesem Kapitel wurde ein kontinuierlich-diskreter Bayes-Filter zur gleichzeitigen Verfolgung und kinematisch-visuellen Validierung von Regentropfenkandidaten in Bildfolgen vorgestellt.

Grundlage für den Validierungsprozess bildet ein autonomer Multi-Modell-Filter mit zwei Systemmodellen. Anhaftende Regentropfen erscheinen im Kamerareferenzsystem unbewegt und werden durch ein Modell konstanter Position beschrieben. Das perspektivische Bewegungsverhalten von Szenenpunkten wird mit Hilfe von Homographien basierend auf einem Fünf-Ebenen-Umfeldmodell und der Fahrzeugeigenbewegung prädiziert. Ein sequentieller Hypothesentest ermöglicht abschließend die Verifikation der Regentropfenkandidaten durch Bewertung ihres typischen Bewegungsverhaltens und ihrer visuellen Ähnlichkeit zu simulierten Regentropfenmustern.

Das verwendete Fahrzeugumfeldmodell stellt eine starke Vereinfachung der Szene dar. Daher erfolgte eine Untersuchung des resultierenden Parallaxenfehlers für in der Realität auftretende Abweichungen von den Modellannahmen. Der Parallaxenfehler ist im Vergleich zur perspektivischen Bewegung von Szenenpunkten sehr gering und wirkt sich daher kaum auf die korrekte Modellwahl durch den sequentiellen Hypothesentest aus.

5 Experimentelle Ergebnisse

Dieses Kapitel untersucht verschiedene Ansätze zur bildbasierten Erkennung von Regentropfen in Hinblick auf ihre Performanz und ihre Eignung zur Verbesserung nachgeschalteter Fahrerassistenzfunktionen. Kapitel 5.1 diskutiert zunächst die Erstellung von aussagekräftigen Referenzdaten für diese Aufgabe. Das verwendete Kriterium zur Bewertung der Detektionsverfahren wird in Kapitel 5.2 vorgestellt. Kapitel 5.3 gibt einen Überblick über die verschiedenen Implementierungen zur Regentropfenerkennung und führt einen bewertenden Vergleich Detektionsverfahren durch. In Kapitel 5.4 erfolgt eine Diskussion der Detektionsergebnisse von Verfolgungsfiltern für unterschiedliche Niederschlagsintensitäten. Kapitel 5.5 vollzieht einen qualitativen Vergleich ausgewählter Detektionsverfahren und schätzt ihre Eignung zur Verbesserung nachgeschalteter Fahrerassistenzfunktionen ab.

5.1 Referenzdaten

Zur Evaluation der Regentropfenerkennung wurden Referenzdaten für fünf Bildsequenzen mit unterschiedlicher Regenstärke und verschiedenen Einbaugeometrien der Kamera erstellt. Hierfür erfolgt eine manuelle Segmentierung von insgesamt 24627 Regentropfen in 1346 Einzelbildern. In Kapitel A.5 werden die Versuchsträger mit der relevanten Hardware detailliert beschrieben.

Die manuelle Erstellung der Referenzdaten gestaltet sich schwierig, da keine eindeutigen Entscheidungskriterien existieren, welcher Bildbereich einen Regentropfen beinhaltet. Abbildung 5.1(a-b) zeigt beispielsweise nur vereinzelt Regentropfen, die sich aufgrund ihrer Grauwertgradienten und ihrer elliptischen Form deutlich von der umgebenden Szene abgrenzen. Darüber hinaus existieren viele komplett benetzte Bildbereiche (Abbildung 5.1(a)) und winzige Verunreinigungen auf der Scheibe (Abbildung 5.1(b)), deren Einordnung in die Klassen $\{Regentropfen, Szene\}$ äußerst schwer fällt. Aus diesem Grund wird eine Drei-Klassen-Segmentierung in die Klassen $\{Regentropfen, Szene, Unbekannt\}$ durchgeführt. Beispiele sind in Abbildung 5.1(c-d) aufgeführt. Der mittlere Anteil an Regentropfen, bezogen auf die Bildfläche beträgt für alle Bilder 2,64%. Die Klasse *Szene* beinhaltet durchschnittlich 11% der Bildfläche. Tabelle 5.1 zeigt die Details der verwendeten Bildfolgen im Überblick.

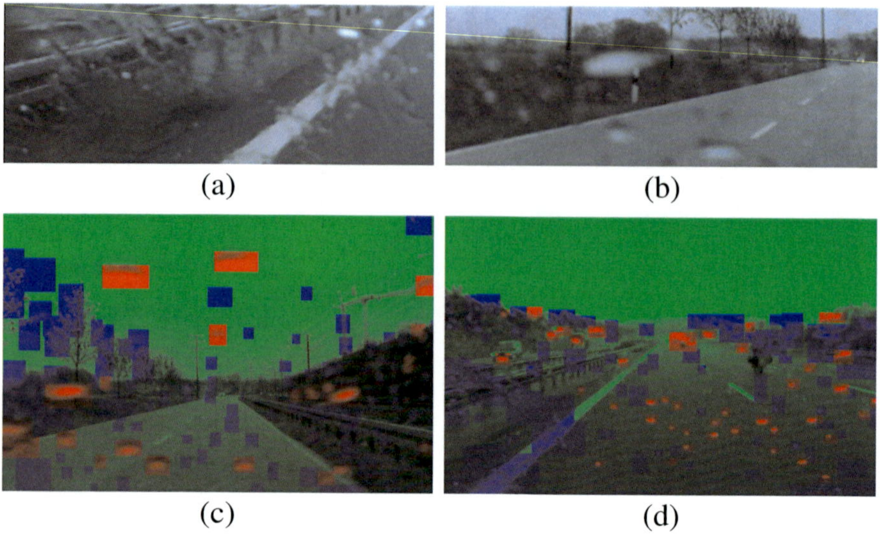

Abbildung 5.1: Binäre Segmentierung der Referenzdaten schwierig, aufgrund von fehlenden Entscheidungskriterien für die Segmentierung von Regentropfen (a-b); Manuelle Segmentierung in die Klassen *Regentropfen* (rot), *Szene* (grün), *Unbekannt* (blau) für unterschiedliche Kamera-Einbaugeometrien (c-d).

Tabelle 5.1: Bildfolgen mit manuell erstellten Referenzdaten

#	Regen-stärke	Anzahl Bilder	Anzahl Tropfen	*Regentropfen*	*Szene*	*Unbekannt*
1	leicht	290	7362	1,75%	94,32%	3,94%
2	mittel	217	6233	3,65%	84,52%	11,83%
3	mittel	302	3004	4,29%	84,89%	10,82%
4	stark	247	1943	1,02%	85,66%	13,32%
5	stark	290	6085	2,45%	81,89%	15,67%

Für die Evaluation der Verfahren zur Regentropfenerkennung wird die Klasse *Unbekannt* nicht berücksichtigt. Bei der Untersuchung des Verbesserungspotenzials für videobasierte Fahrerassistenzsysteme in Kapitel 6 werden teilweise Ergebnisse bezogen auf den Anteil an gestörter Bildfläche gezeigt. Hierfür wird die Klasse *Unbekannt* als Störung angesehen.

5.2 Bewertungskriterium

Eine korrekte Erkennung des Regentropfens (engl. *True Positive (TP)*) liegt vor, wenn sich der Mittelpunkt des Regentropfenkandidats innerhalb eines Segments der Klasse *Regentropfen* befindet. Liegt der Mittelpunkt innerhalb der Klasse *Szene*, zählt der Regentropfenkandidat als falsch erkannt (engl. *False Positive (FP)*). Alle Regentropfen aus den Referenzdaten, die nicht gefunden werden, zählen als nicht erkannt (engl. *False Negative (FN)*). Regentropfenkandidaten, deren Mittelpunkt innerhalb eines Segments der Klasse *Unbekannt* liegt, werden für die nachfolgende Untersuchung nicht weiter berücksichtigt.

Die am häufigsten verwendeten Kriterien zur Beurteilung der Güte von Erkennungssystemen sind *Genauigkeit* und *Erkennungsrate* (engl. *Precision-Recall*). Die *Erkennungsrate* stellt das Maß für die Vollständigkeit der Erkennungsaufgabe dar. Sie ist definiert als das Verhältnis zwischen allen korrekt erkannten Objekten und der Gesamtanzahl aller Objekte in der Testmenge

$$\text{Erkennungsrate} = \frac{\text{TP}}{\text{TP} + \text{FN}}. \tag{5.1}$$

Das Kriterium *Genauigkeit* beschreibt die Fähigkeit des Erkennungssystems, nicht relevante Objekte zu verwerfen und ist definiert als das Verhältnis der korrekt erkannten Objekte zur Zahl aller Detektionen

$$\text{Genauigkeit} = \frac{\text{TP}}{\text{TP} + \text{FP}}. \tag{5.2}$$

Die Kriterien *Genauigkeit* und *Erkennungsrate* für sich betrachtet besitzen nur eine geringe Aussagekraft und können durch Variation der Empfindlichkeit des Detektors beinahe beliebig beeinflusst werden. Ein hoch-performanter Detektor zeichnet sich hingegen durch einen optimalen Kompromiss beider Kriterien aus. Daher erfolgt für die Evaluation von Erkennungssystemen eine kombinierte Betrachtung durch das sogenannte *Precision-Recall*-Diagramm, in dem die Genauigkeit der Systeme über ihre Erkennungsrate aufgetragen wird. Ein vollständig parametriertes Erkennungssystem liefert demnach einen Punkt in $\mathbb{R}^2$, mit dem Wertebereich $[0,1]$ für jede Dimension. Ein Performanz-Vergleich der Verfahren erfolgt im Allgemeinen durch Betrachten des *Precision-Recall*-Diagramms für eine Variation der Empfindlichkeit des Detektors.

5.3 Vergleich von Verfahren zur Regentropfenerkennung

Für einen bewertenden Vergleich werden folgende Verfahren zur Erkennung von Regentropfen in Einzelbildern und in Bildfolgen implementiert:

***Surf*:** Dieses Verfahren erkennt Regentropfen mit Hilfe des SURF-Detektors [Bay06]. Der Detektionsschwellwert für die Determinante der approximierten Hessematrix in (3.12) wird im Intervall $S \in [50{,}10000]$ variiert. Da in der Literatur bislang keine quantitativen Ergebnisse von Verfahren zur Regentropfenerkennung existieren, wird im Rahmen dieser Arbeit *Surf* als Vergleichsbasis zur Evaluation der entwickelten Verfahren verwendet.

***Variblur*:** Der *Variblur*-Detektor vollzieht eine Segmentierung von Bildbereichen auf Basis ihrer Unschärfe, wie sie in Kapitel 3.3.1 beschrieben wird. Die Variation des Detektionsschwellwerts erfolgt ebenfalls im Intervall $S \in [50{,}10000]$. Die Segmentierungsergebnisse von *Variblur* werden in dieser Arbeit häufig als Kandidatenliste $\mathcal{Z}_S$ bezeichnet.

***GRM$_{ML}$*:** In *GRM$_{ML}$* wird eine Verifikation der vorsegmentierten Kandidatenliste $\mathcal{Z}_S$ mit Hilfe der Objekthypothesen in Kapitel 3.3.2 und einer Maximum-Likelihood-Schätzung $\mathcal{Z}_S^{\mathrm{ML}} \subseteq \mathcal{Z}_S, S \in [50{,}10000]$ aus (3.20) durchgeführt.

***GRM$_{MAP}$*:** Dieses Verfahren bezeichnet die Bayes'sche Klassifikation $\mathcal{Z}_S^{\mathrm{MAP}} \subseteq \mathcal{Z}_S, S \in [50{,}10000]$ von Regentropfenkandidaten aus (3.21). Im Vergleich zu *GRM$_{ML}$* zeigt diese Implementierung den Einfluss der A-Priori-Wahrscheinlichkeitsverteilung aus Kapitel 3.3.4 auf die Performanz der Regentropfenerkennung.

***Bayes$_{NN}$*:** Das *Bayes$_{NN}$*-Verfahren benennt eine Implementierung des kontinuierlich-diskreten Bayes-Filters aus Kapitel 4.2 auf Basis von *GRM$_{MAP}$* mit $S = 150$, wobei der Schwellwert für das Log-Likelihood-Verhältnis zur Annahme der Hypothese „Regentropfen“ im Intervall $t_{\mathrm{I}} \in [-100{,}2000]$ variiert wird. Die Zuordnung der Messungen erfolgt durch eine Nächste-Nachbarn Assoziation.

***Bayes$_{PDA}$*:** Dieses Verfahren gleicht *Bayes$_{NN}$*. Allerdings wird eine probabilistische Datenassoziation für die Zuordnung der Messungen gewählt.

Die vollständigen Parametrierungen der Verfahren sind in Kapitel A.6 aufgeführt. Viele dieser Parameter sind durch die verwendete Kamera bzw. ihre Einbaugeometrie fest vorgegeben. Andere werden experimentell bestimmt, beispielsweise die Parameter der modellierten Tropfenoberfläche aus Kapitel 2.1.3. Um einen fairen Vergleich der Detektionsverfahren zu ermöglichen, werden die verbleibenden Parameter jedes Verfahrens mit einem stochastischen Optimierungsverfahren bestimmt. Hierfür findet ein Metropolis-Algorithmus mit zeitabhängiger Temperatur (engl. *Simulated Annealing*) [Kir83, Gra94] Anwendung. Dieser Algorithmus generiert zufällige Parametersätze durch Variation der vorherigen Parameter und wertet eine Kostenfunktion für den resultierenden Punkt in der Wertelandschaft aus. Sind die Kosten für den neuen Parametersatz geringer, werden sie in jedem Fall übernommen. Anderenfalls akzeptiert der Algorithmus die Parameter nur mit einer gewissen Wahrscheinlichkeit, die sich aus dem Gradienten der Kostenfunktion und der aktuellen Temperatur berechnet. Zunächst wird mit einer hohen Temperatur begonnen und tendenziell auch Parametersätze übernommen, die mit höheren Kosten verbunden sind. Somit wird eine frühzeitige Konvergenz zu lokalen Minima vermieden. Danach erfolgt mit fortschreitender Simulationszeit eine langsame Abkühlung des Simulationsprozesses, wodurch die Fähigkeit eines Gradientenaufstiegs eingeschränkt wird und das Verfahren zu einem Minimum der Kostenfunktion konvergiert.

Erkennungsraten in Einzelbildern

Abbildung 5.2 zeigt das *Precision-Recall*-Diagramm für die vorgestellten Detektionsverfahren. *Surf* erreicht bei einem niedrigen Schwellwert von $S = 50 - 150$ eine Erkennungsrate von $0{,}92 - 0{,}93$, allerdings zu Lasten einer sehr niedrigen Genauigkeit ($0{,}06 - 0{,}09$). Mit *Variblur* kann hingegen eine vergleichbar hohe Erkennungsrate von $0{,}92$ bei gesteigerter Genauigkeit von 43% ($S = 50$) bis 69% ($S = 3500$) erzielt werden. Das verdeutlicht die Aussagekraft des Merkmals *Unschärfe* im Vergleich zu Kontrast-Merkmalen für die Aufgabe der Regentropfenerkennung. Dennoch beinhalten viele kontrastreiche Bildregionen der Szene ebenfalls das interessierende Frequenzband von Regentropfen, wodurch *Variblur* für akzeptable Erkennungsraten ($> 0{,}5$) eine Genauigkeit von maximal $0{,}4$ erreicht.

Bei der Verifikation der Regentropfenkandidaten durch eine Maximum-Likelihood-Klassifikation (GRM_{ML}) wird beträchtliches Modellwissen integriert. Dies wirkt sich insbesondere bei niedrigen Schwellwerten von $S = 50 - 500$ äußerst positiv auf die Genauigkeit aus ($0{,}3 - 0{,}44$). Da manche Regentropfen allerdings atypische, nicht modellierte Oberflächenformen aufweisen, geht die maximale Erkennungsrate auf $0{,}8$ zurück. Einen ähnlichen Verlauf zeigt GRM_{MAP}. Durch Berücksichtigung der A-Priori-Wahrscheinlichkeitsverteilung aus Kapitel 3.3.4 wird die Genauigkeit auf $0{,}52 - 0{,}66$ gesteigert, bei einer Erkennungsrate von circa $0{,}65$.

Bei einer gleichmäßigen Bewertung von Genauigkeit und Erkennungsrate erzielt GRM_{MAP} mit einem Detektionsschwellwert von $S = 150$) die besten Ergebnisse zur Erkennung von Regentropfen in Einzelbildern (Erkennungsrate: 0,65, Genauigkeit: 0,61).

Erkennungsraten in Bildfolgen

Die oben diskutierten Verfahren zur Erkennung von Regentropfen in Einzelbildern basieren alle auf visuellen Merkmalen, wie Kontrast, Unschärfe und Grauwertcharakteristik. Das typische Bewegungsverhalten von Regentropfen wurde bislang nicht beachtet. Für die Erkennung von Regentropfen in Bildfolgen werden daher zwei Implementierungen des kontinuierlich-diskreten Bayes-Filters aus Kapitel 4.2 verglichen, die auf den Ergebnissen von GRM_{MAP} mit $S = 150$ aufbauen. Der Schwellwert für das Log-Likelihood-Verhältnis zur Validierung von Regentropfen wird im Intervall $t_{\mathrm{I}} \in [-100{,}2000]$ variiert.

Wie in Abbildung 5.2 gezeigt, weisen beide Verfahren ($Bayes_{NN}$,$Bayes_{PDA}$) eine gleichzeitige Steigerung von Genauigkeit und Erkennungsrate im Vergleich zu Einzelbild-Detektionsverfahren auf. Dies ist darauf zurückzuführen, dass Verfolgungsfilter das modell-basierte Weiterführen eines Tracks trotz ausbleibender Messung ermöglichen. Darüber hinaus trägt die in dieser Arbeit entwickelte Umsetzung als AMM-Filter mit anschließender Modellwahl zu einer weiteren Validierung von Regentropfen und damit zu einer Steigerung der Genauigkeit bei.

Abbildung 5.2 zeigt eine Ausführung von $Bayes_{NN}$ ohne Modellwahl. Jeder initialisierte Track wird als Regentropfen angesehen, wie es bei einem konventionellen Ein-Hypothesen-Filter der Fall ist. Dieses Verfahre erzielt ebenfalls eine hohe Erkennungsrate von 0,74, die Genauigkeit liegt mit 0,61 jedoch deutlich unter der Genauigkeit von $Bayes_{NN}$ mit Modellwahl. Je nach Schwellwert t_{I} kann eine Genauigkeit von 0,67 ($t_{\mathrm{I}} = -100$) bis 0,75 ($t_{\mathrm{I}} = 3$) erreicht werden. Eine weitere Erhöhung des Schwellwertes t_{I} für das Log-Likelihood-Verhältnis führt jedoch zu einem Rückgang der Erkennungsrate, da das Modell der konstanten Position (Modell I) für viele Regentropfen nicht exakt zutrifft und daher kein deutlich höheres Likelihood besitzt als Modell II.

Die Detektionsergebnisse bestätigen die Ergebnisse der Voruntersuchung zur Assoziationsmethode in Kapitel 4.3.2. Eine Zuordnung der Messungen mittels Nächster-Nachbarn-Assoziation ist für diesen Anwendungsfall einer probabilistischen Datenassoziation überlegen. Dies liegt an der bereits akzeptablen Genauigkeit der zugrunde liegenden Einzelbilderkennung.

Im Rahmen dieses Vergleichs erzielt der $Bayes_{NN}$ Algorithmus über weite Variationsbereiche der Detektionsempfindlichkeit die beste Performanz. Je nach gefor-

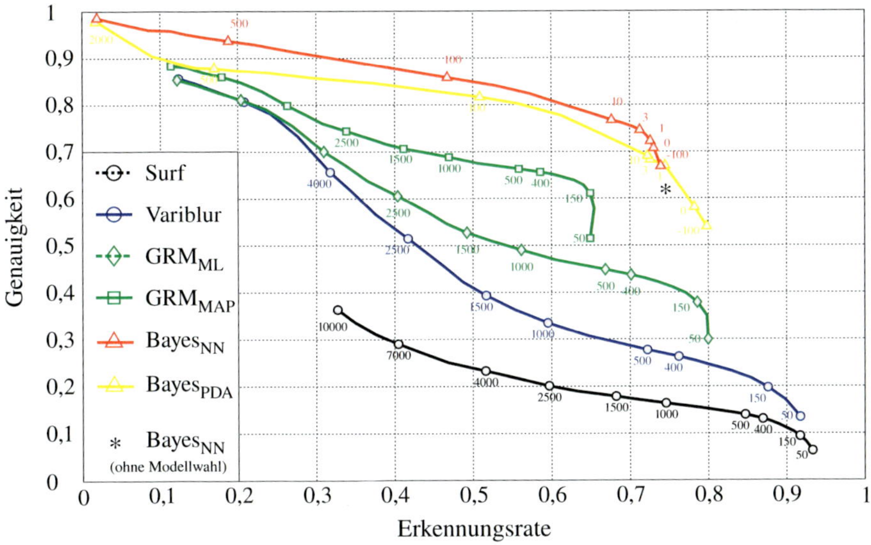

Abbildung 5.2: *Precision-Recall*-Diagramm zum bewertenden Vergleich von Verfahren zur Regentropfenerkennung in Einzelbildern und in Bildsequenzen.

derter Genauigkeit für den jeweiligen Anwendungfall beträgt die Erkennungsrate $0{,}47$ ($t_{\mathrm{I}} = 100$) bis $0{,}75$ ($t_{\mathrm{I}} = -100$). Werden Genauigkeit und Erkennungsrate gleichmäßig bewertet, stellt *Bayes$_{NN}$* mit einem Schwellwert von $t_{\mathrm{I}} = 3$ die beste Regentropfenerkennung im Testfeld dar. Bei dieser Parametrierung erzielt *Bayes$_{NN}$* eine Erkennungsrate von $0{,}72$ und eine Genauigkeit von $0{,}74$.

5.4 Leistungsfähigkeit von Verfolgungsfiltern für unterschiedliche Niederschlagsintensitäten

Aus Abbildung 5.2 geht hervor, dass ein Verfolgungsfilter im Allgemeinen einer Einzelbilderkennung überlegen ist, da er eine zeitlich-räumliche Betrachtung der Detektionen vollzieht. So können ausbleibende Messungen durch Modellannahmen kompensiert und Fehldetektionen aufgrund ihres Bewegungsverhaltens eliminiert werden. Die hohe Dynamik des Regentropfen-Auftreffprozesses auf der Windschutzscheibe stellt jedoch extrem hohe Anforderungen an die Schnelligkeit und Reaktionszeit des Verfolgungsfilters. Darüber hinaus verringert sich bei zunehmender Regenstärke die Lebensdauer eines Tracks und damit der Nutzen

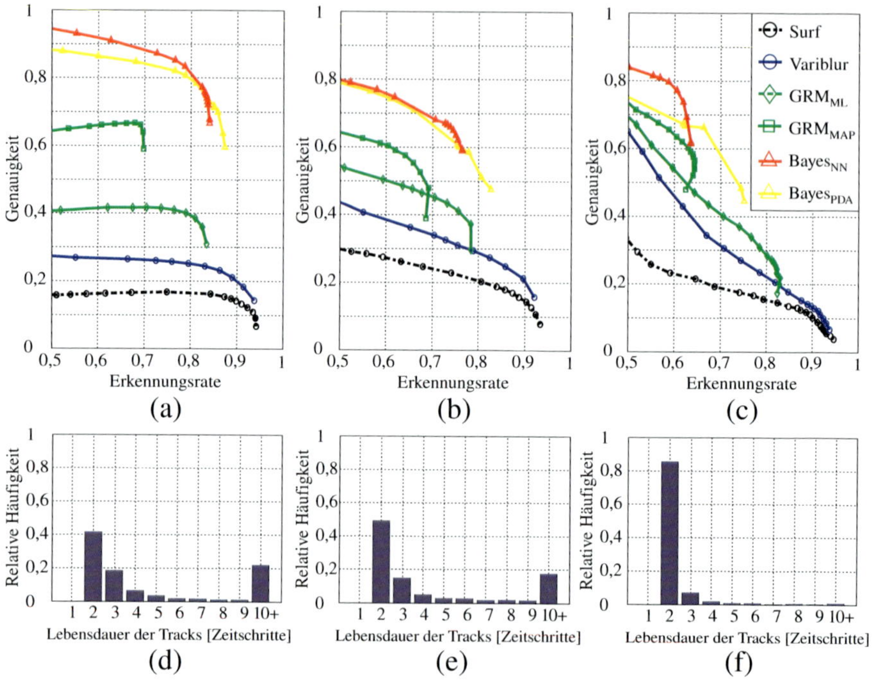

Abbildung 5.3: *Precision-Recall*-Diagramme für leichten (a), mäßigen (b) und starken Niederschlag (c); (d-f) zeigen die Lebensdauer der Tracks in Zeitschritten für leichten (d), mäßigen (e) und starken Niederschlag (f).

des Verfolgungsfilters. Dies liegt nicht nur an Fehldetektionen und Trackablösungen, sondern auch an den verkürzten Intervallzeiten des Schweibenwischers. Somit schwindet der Vorteil eines Verfolgungsfilters mit steigender Niederschlagsintensität. Dennoch ist eine Anwendung des entwickelten AMM-Filters und die damit verbundene Wahl des besten Bewegungsmodells sinnvoll, da sie ein zusätzliches Validierungskriterium für erkannte Objekte darstellt.

Abbildung 5.3(a-c) zeigen die *Precision-Recall*-Diagramme für leichten, mäßigen und starken Niederschlag. In Abbildung 5.3(d-f) sind die zugehörigen Histogramme der Track-Lebensdauer aufgetragen. Bei leichtem Niederschlag existieren viele anhaftende Regentropfen über lange Zeiträume. Aus Abbildung 5.3(d) geht hervor, dass für 58,3% der Tracks drei oder mehr Zeitschritte existieren. Für 22,2% der Tracks gelingt eine Verfolgung über mindestens zehn Zeitschritte. In diesen Situationen kann der Verfolgungsfilter sein maximales Verbesserungspotenzial ausschöpfen. Wie in Abbildung 5.3(a) gezeigt, erzielt das $Bayes_{NN}$ Verfahren sowohl eine deutlich bessere Genauigkeit (+26,0%) als auch eine signifikant höhere Erkennungsrate (+13,9%) im Vergleich zu GRM_{MAP}. Bei mäßigem Niederschlag reduziert sich die Lebensdauer der Tracks. Abbildung 5.3(e) zeigt, dass nur noch 50,7% aller Tracks länger als zwei Zeitschritte existieren. Im Vergleich zu GRM_{MAP} kann die Erkennungsrate nur noch um +9,7% verbessert werden (Abbildung 5.3(b)). Das Verbesserungspotenzial für die Genauigkeit bleibt jedoch auf ähnlich hohem Niveau (+25,4%). Wie in Abbildung 5.3(f) dargestellt, nimmt die Lebensdauer der Tracks unter extremen Bedingungen rapide ab. Bei 85,7% der Tracks beträgt sie nur zwei Zeitschritte. Die Erkennungsrate verschlechtert sich im Vergleich zu GRM_{MAP} um 3,2%. Aufgrund der äußerst schnellen Modellwahl innerhalb von wenigen Zeitschritten (siehe Abbildung 4.10) kann dennoch die Genauigkeit um 26,2% gesteigert werden.

5.5 Visueller Vergleich

Ein quantitativer Vergleich der Detektionsverfahren ist in Kapitel 5.3 gegeben. Im Folgenden werden ausgewählte Detektionsverfahren anhand von Beispielbildern qualitativ verglichen. Abbildung 5.4(a-d) zeigt hierfür Beispiele der Detektionsergebnisse für *Surf*, *Variblur* und GRM_{MAP} mit einem Detektionsschwellwert von jeweils $S = 150$ sowie für $Bayes_{NN}$ mit $t_\mathrm{I} = 3$. Darüber hinaus soll die Relevanz einer hohen Detektionsgenauigkeit für die Verbesserung nachgeschalteter Fahrerassistenzfunktionen herausgestellt werden.

Nach Abbildung 5.3 erzielt *Surf* mit $S = 150$ eine Genauigkeit von circa $0{,}1$. Dies bedeutet, dass neun von zehn Regentropfenkandidaten eine Fehldetektion darstellen. Beispiele für die Detektion von Regentropfen mit *Surf* sind in Abbildung 5.4(a) gezeigt. *Variblur* erzielt durch Applikation eines Bandpassfilters für den Unschärfebereich von Regentropfen eine deutliche Verbesserung der Genauigkeit Abbildung 5.4(b). Dennoch führt dieses Verfahren zu vielen Fehldetektionen, da beispielsweise scharfe Bildkanten (Horizont, Telegrafenmast, ①) ebenfalls das Frequenzband beinhalten, in dem sich Regentropfen befinden. Die Detektionsergebnisse dieser beiden Verfahren sind aufgrund der großen Anzahl an Fehldetektionen nicht für eine verlässliche, videobasierte Regenerkennung geeignet. Eine Verbesserung von nachgeschalteten Fahrerassistenzfunktionen kann ebenfalls nur erfolgen, wenn nach Maskierung aller Regentropfendetektionen eine ausreichende Anzahl an, für die jeweilige Fahrerassistenzfunktion, relevanten Bildbereichen zur Verfügung steht. Die Abbildung 5.4(a-b) beinhalten jedoch wenige Bildinformationen in nicht detektierten Bereichen.

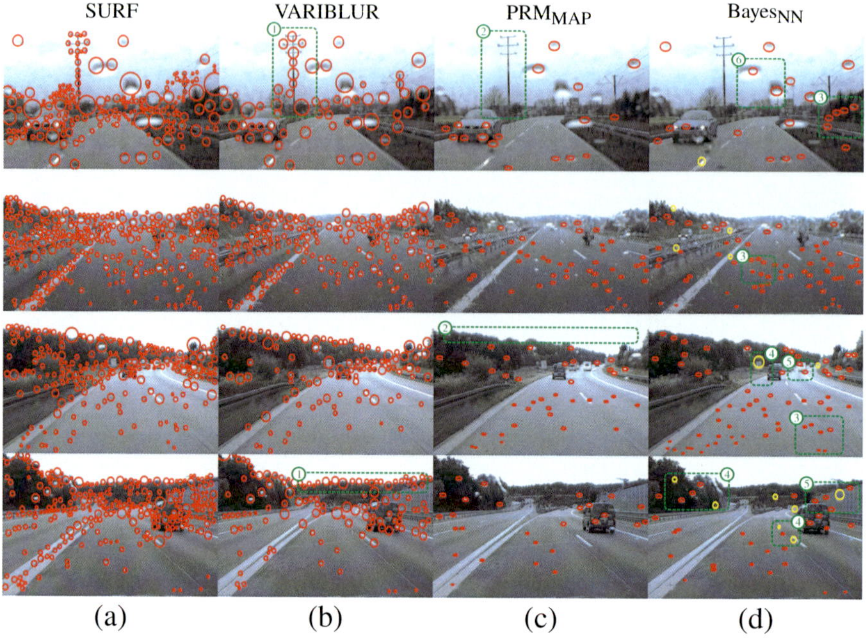

Abbildung 5.4: Visueller Vergleich der Detektionsergebnisse für *Surf* (a), *Variblur* (b), GRM_{MAP} (c) und $Bayes_{NN}$ (d). Der Detektionsschwellwert für (a-c) beträgt $S = 150$, der Schwellwert für das Log-Likelihood-Verhältnis (d) beträgt $t_{\mathrm{I}} = 3$. Durch GRM_{MAP} können viele Fehldetektionen vermieden werden (①,②). Ein Multi-Hypothesen-Filter mit Modellwahl erhöht sowohl Erkennungsrate als auch Genauigkeit der Regentropfenerkennung (③,④). Verbesserungspotenzial besteht für die Detektions- (⑤) und Segmentierungsgenauigkeit (⑥).

GRM_{MAP} validiert die segmentierten Bildbereiche zusätzlich aufgrund Ihrer visuellen Ähnlichkeit zu physikalisch modellierten Regentropfenmustern. So können typische Fehldetektionen von *Variblur* verworfen werden (Abbildung 5.4(c), ②). Eine Regentropfenerkennung in Bildfolgen mit $Bayes_{NN}$ wird in Abbildung 5.4(d) gezeigt. Dies verbessert insbesondere die Erkennung von kleinen Regentropfen (③), die in Einzelbildern sporadisch nicht detektiert werden können. Zusätzlich erfolgt eine weitere Validierung von Regentropfenkandidaten aufgrund ihres Bewegungsverhaltens, wodurch viele Szenenpunkte (Verkehrsschilder, Randbepflanzung, Fahrspurmarkierungen, ④) verworfen werden. Eine Parametrierung von $Bayes_{NN}$ mit $S = 150$ führt zu einer Erkennungsrate von 0,72 und einer Genauigkeit von 0,74.

Fehldetektionen sind größtenteils auf regelmäßig wiederholende Muster (Aperturproblem) und Verkehrsteilnehmer mit einer geringen Relativbewegung zum Ego-Fahrzeug (Modellverletzung) zurückzuführen (Abbildung 5.4(d), ⑤). Die Abmessungen eines Regentropfens werden nicht durch die Skale der *Variblur*-Detekion bestimmt, sondern aus den modellierten Regentropfenklassen berechnet. Dies hat sich als äußerst robust und zeiteffizient erwiesen, da der Systemzustand im Verfolgungsfilter eine möglichst geringe Dimension aufweist. Für Regentropfen, die durch Koaleszenz über das maximal modellierte Volumen hinaus wachsen, trifft diese Annahme nicht mehr zu (Abbildung 5.4(d), ⑥). Eine Verbesserung wäre durch die Integration der Abmessungen in den Verfolgungsfilter oder durch eine Anpassung der Tropfengröße bei der Erkennung von Koaleszenz im Trackmanagement denkbar.

5.6 Zusammenfassung

In diesem Kapitel wurden unterschiedliche Verfahren zur Erkennung von Regentropfen in Einzelbildern und in monokularen Bildfolgen erprobt und bewertet. Für einen quantitativen Vergleich wurden repräsentative Testszenarien mit unterschiedlicher Niederschlagsintensität ausgewählt und manuelle Referenzdaten erstellt. Eine Bewertung erfolgte auf Basis von *Precision-Recall*-Diagrammen.

Die besten Ergebnisse in Einzelbildern lieferte GRM_{MAP} mit einem Detektionsschwellwert von $S = 150$. Dieses Verfahren erzielte eine Erkennungsrate von $0{,}65$ bei einer Genauigkeit von $0{,}61$. Ein Multi-Hypothesen-Verfolgungsfilter ($Bayes_{NN}$) konnte die Erkennungsrate auf $0{,}72$ und die Genauigkeit auf $0{,}74$ weiter steigern. Der Performanzvorsprung eines Verfolgungsfilters nimmt mit steigender Niederschlagsintensität ab. Die Genauigkeit kann jedoch selbst in hochdynamischen Sequenzen mit starkem Niederschlag um circa 26% im Vergleich zur besten Einzelbilderkennung gesteigert werden. Ein visueller Vergleich zeigte, dass sich prinzipiell sowohl eine Einzelbilderkennung (GRM_{MAP}) als auch eine Erkennung von Regentropfen in Bildfolgen ($Bayes_{NN}$) zur Verbesserung von nachfolgenden Fahrerassistenzfunktionen eignet.

Die vorgestellten Verfahren zur Erkennung von Regentropfen liefern bereits gute Ergebnisse. Dennoch besteht weiteres Potenzial bei der Verminderung von Fehldetektionen, die durch regelmäßig wiederholende Muster oder Verkehrsteilnehmer mit einer geringen Relativbewegung zum Ego-Fahrzeug verursacht werden.

6 Verbesserungspotenzial für Fahrerassistenzfunktionen

Eine videobasierte Regentropfenerkennung kann beispielsweise zur Bewertung der Bildqualität genutzt werden, wodurch eine Modellierung von Messunsicherheiten oder eine Deaktivierung funktionsgefährdeter Systeme erfolgen kann.

Darüber hinaus liegt jedoch ein beträchtliches Potenzial in der Verbesserung und Ausweitung des Arbeitsbereichs von Fahrerassistenzsystemen in ungünstigen Witterungsbedingungen. In diesem Kapitel werden mögliche Anwendungsfelder diskutiert und das aktuelle sowie das zukünfitge Verbesserungspotenzial von videobasierten Fahrerassistenzfunktionen anhand vielfältiger Beispiele untersucht.

Kapitel 6.1 untersucht die Realisierbarkeit einer Scheibenwischerregelung mit einem Kamerasensor. Kapitel 6.2 und Kapitel 6.3 evaluieren das Verbesserungspotenzial einer Fahrspurerkennung bzw. von videobasierten Verfahren zur Schätzung der Fahrzeugeigenbewegung in monoskopischen Bildfolgen. Abschließend wird in Kapitel 6.4 eine Möglichkeit zur Bildverbesserung durch Rekonstruktion verdeckter Bildbereiche aufgezeigt, wobei eine automobile Anwendung für solche Strategien aufgrund der hohen Sicherheitsanforderungen sicherlich nur sehr begrenzt möglich ist.

6.1 Videobasierte Regelung des Scheibenwischers

Konventionelle Regensensoren liefern eine globale Schätzung der Regenstärke zur Regelung des Scheibenwischers. Aus Kosten- und Bauraumgründen wäre eine Übernahme dieser Funktionalität durch eine Kamera wünschenswert.

Dieser Abschnitt zeigt die prinzipielle Realisierbarkeit einer Wischerregelung durch die im Rahmen dieser Arbeit vorgestellte, videobasierte Regenerkennung. Hierfür wird der Algorithmus $Bayes_{NN}$ mit $t_{\mathrm{I}} = 3$ verwendet und ein Bereich 10×50m auf der Fahrbahnebene vor dem Fahrzeug untersucht. Zur Evaluation der Detektionen werden vier Autobahnfahrten mit unterschiedlicher Regenstärke verwendet. Zudem erfolgt eine Befahrung der gleichen Autobahnabschnitte bei Trockenheit. Hier existieren keine Tropfen auf der Windschutzscheibe, wodurch die Fehlalarmrate des Verfahrens bewertet wird.

Ergebnisse

Abbildung 6.1(a-b) zeigt die Anzahl der Detektionen über die Laufzeit für Regensequenzen und für Trockenheit. Für die verwendeten Sequenzen stehen keine Referenzdaten zur Verfügung. Dennoch ist eine Evaluation aufgrund der Plausibilität des zeitlichen Verlaufs der Detektionen möglich. Abbildung 6.1(a) zeigt das typische „Sägezahn“-Verhalten der Detektionskurve: Die Detektionen nehmen aufgrund von auftreffenden Regentropfen stetig zu. Der positive Gradient der Detektionskurven gibt die Regenstärke gut wieder. (Sequenz 01: leicht, Sequenz 02: stark, Sequenz 03: mäßig, Sequenz 04: stark). Durchläuft der Scheibenwischer den Bildbereich, werden alle Regentropfen entfernt. Daraus resultieren die starken Flanken des Gradienten in Abbildung 6.1(a).

Die Bilder Ⓐ-Ⓒ in Abbildung 6.1(c) geben drei Beispiele mit circa $15-30$ Erkennungen. Dies repräsentiert den Bereich, in dem eine Aktivierung des Scheibenwischers gerechtfertigt ist. An den Scheibenwischer-Durchgängen ist zu erkennen, dass die menschliche Entscheidung zur Aktivierung des Wischers in Sequenz 01 und 03 später erfolgte. In Sequenz 02 und 04 befand sich aufgrund der Regenstärke der Scheibenwischer in Dauerbetrieb.

Im Vergleich dazu existieren in den Trockensequenzen in Abbildung 6.1(b) weniger als sechs Fehldetektionen pro Bild. Abbildung 6.1(d) Ⓐ-Ⓒ zeigen die Hauptursachen der Fehldetektionen. Diese sind relativ zur Kamera unbewegte Detektionen anderer Verkehrsteilnehmern oder unterbrochene Fahrbahnmarkierungen, die ein wiederkehrendes Muster darstellen.

Eine videobasierte Regelung des Scheibenwischers kann in den gezeigten Beispielsequenzen durch eine Aktivierungsschwelle von 15-20 Tropfen zuverlässig realisiert werden. Bei maximal sechs Fehldetektionen ergibt dies eine Fehldetektionsreserve von $150-233\%$.

6.2 Fahrspurerkennung

In diesem Abschnitt wird das Verbesserungspotenzial einer videobasierten Fahrspurerkennung diskutiert. Regentropfen können starke Kontraste aufweisen und Beobachtungen verursachen, die nicht auf einer Fahrspur liegen, sogenannte Ausreißer. Je nach Robustheit des Schätzverfahrens und Verteilung der Regentropfen im Bild kann dies zum Versagen einer konventionellen Fahrspurerkennung führen.

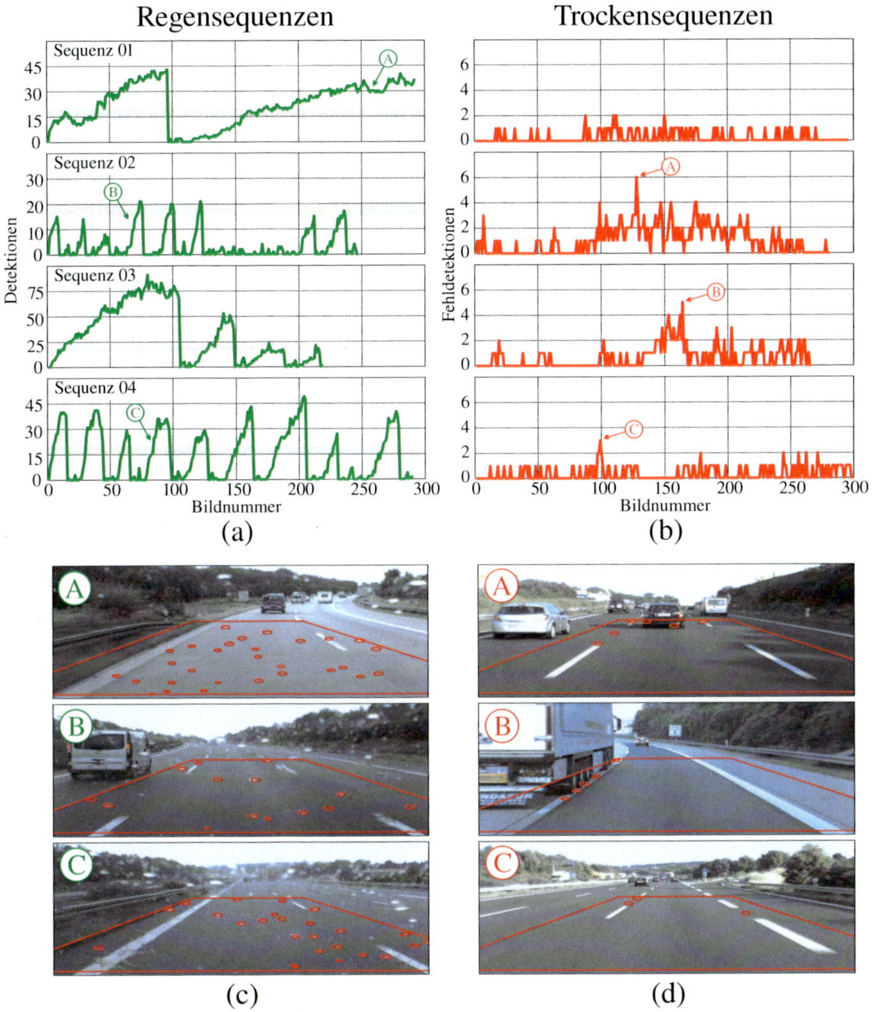

Abbildung 6.1: Realisierbarkeit eines videobasierten Regensensors. Regensequenzen zeigen einen typischen, zeitlichen Detektionsverlauf (a), wobei der Gradient die Niederschlagsstärke plausibel wiedergibt. Testsequenzen ohne Regentropfen führen zu nur wenigen Fehldetektionen (b). Eine mögliche Aktivierungsschwelle des Scheibenwischers liegt bei 15 – 20 Detektionen (grauer Bereich).

Vorgehen

Eine Strategie zur Verbesserung der Fahrspurerkennung ist die Maskierung aller zuvor erkannten Regentropfen [Ros11]. Insgesamt werden folgende drei Verfahren zur Fahrspurerkennung bewertet:

***Konventionell*:** Dieses Verfahren repräsentiert die Extraktion von Markierungskandidaten, wie sie bei einer konventionellen Fahrspurerkennung stattfindet.

***Regentropfenerkennung*:** Wie in Abbildung 6.2(b) illustriert, maskiert dieses Verfahren zuvor alle Bildbereiche aus, die mit $Bayes_{NN}$ und einem Schwellwert von $t_{\mathrm{I}} = 3$ detektiert wurden. Es zeigt somit das aktuelle Verbesserungspotenzial durch eine Validierung der Markierungskandidaten.

***Regentropfen Referenzdaten*:** Dieses Verfahren maskiert alle Bildbereiche, die in den Referenzdaten aus Kapitel 5.1 als *Regentropfen* oder *Unbekannt* markiert sind. Es zeigt somit das zukünftig erreichbare Verbesserungspotenzial bei einer Performanzsteigerung der Regentropfenerkennung.

Um Effekte verschieden robuster Schätzverfahren auszuschließen, erfolgt der Vergleich auf Merkmalsebene in Einzelbildern. Wie in [Win09] Kapitel 15.5.1 vorgeschlagen, werden hierfür Markierungskandidaten durch Korrelation des Bildsignals mit einem Fahrspur-Muster selektiert. DIe Breite des Musters ergibt sich durch Projektion der Fahrspurbreite in die Bildebene. Wie in Abbildung 6.2(a) gezeigt, werden so Beobachtungen an 49 Stützstellen in einer Entfernung von $6 - 30$m vor dem Fahrzeug gewonnen.

Als Bewertungskriterium wird die mittlere Messabweichung der Markierungskandidaten zu Fahrspur-Referenzdaten verwendet. Darüber hinaus wird ein Polynom zweiten Grades nach der Methode der kleinsten Fehlerquadrate geschätzt und die Modellgüte der Markierungskandidaten betrachtet. Unter der Annahme, dass die Fahrspur durch dieses Polynom hinreichend genau beschrieben wird, Regentropfen es jedoch im Allgemeinen verletzen, lässt dies Rückschlüsse auf die Qualität der Beobachtungen zu und ist zudem nicht auf Referenzdaten angewiesen.

Ergebnisse

Abbildung 6.2(c) zeigt die Modellgüte als normiertes Histogramm der Residuen zwischen den Markierungskandidaten und dem geschätztem Fahrspurmodell. Residuen größer als $0{,}1$m werden als Ausreißer betrachtet. Wie in Abbildung 6.2(c) gezeigt, wird die Ausreißerquote von $23{,}5\%$ bei einer konventionellen Fahrspurerkennung durch vorangestellte Regentropfenerkennung auf 10% reduziert. Eine

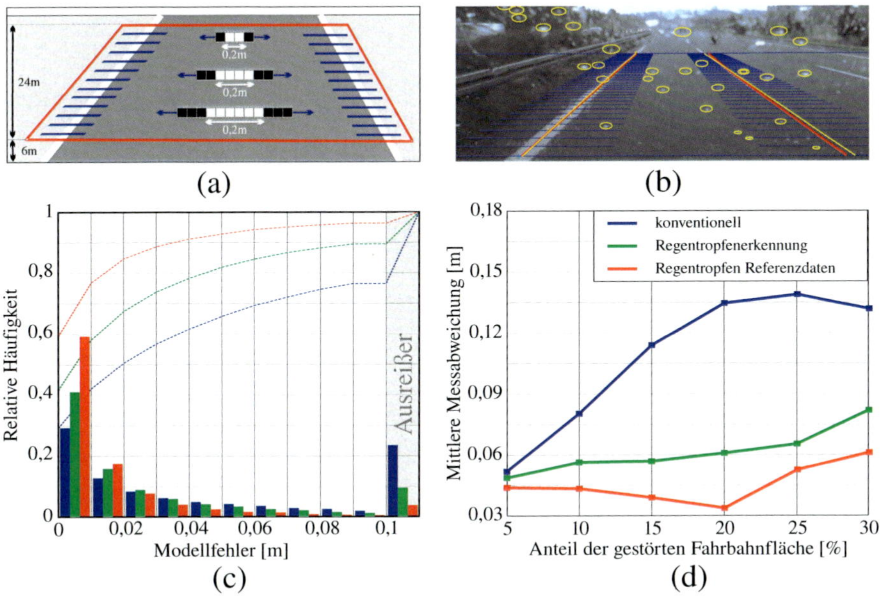

Abbildung 6.2: Extraktion von Markierungskandidaten (a); Schematische Darstellung einer Fahrspurerkennung mit vorheriger Maskierung von Regentropfen (b); Vergleich von Modellgüte (c) und mittlerer Messabweichung (d) für konventionelle und verbesserte Verfahren zur Fahrspurerkennung.

ideale Erkennung der Regentropfen würde eine Minderung der Ausreißerquote auf 3,8% ermöglichen. Die Verminderung der Ausreißerquote bedeutet eine geringere Störanfälligkeit der Schätzalgorithmen. Verfahren, die auf einer Auswertung zufälliger Stichproben beruhen, wie beispielsweise RANSAC [Fis81], können zwar durch Erhöhung der Iterationen einen hohen Ausreißeranteil in den Beobachtungen bewältigen, allerdings nur zu Lasten der Rechenzeit.

Abbildung 6.2(d) zeigt die mittlere Messabweichung in Abhängigkeit von der gestörten Fahrbahnfläche. Bei einer konventionellen Fahrspurerkennung nimmt der mittlere Fehler bis auf 0,139m zu, je mehr Regentropfen das Bild stören (blau). Dieser Effekt kann durch eine Maskierung der erkannten Regentropfen um bis zu 55% reduziert werden (grün). Eine Maskierung mit den Regentropfen Referenzdaten zeigt eine fast ausreißerfreie Fahrspurerkennung mit annähernd konstanter mittlerer Messabweichung $\leq 0{,}061$m (rot). Die Verbesserung zur konventionellen Fahrspurerkennung beträgt bis zu 75%.

6.3 Visuelle Odometrie

Dieser Abschnitt untersucht das Verbesserungspotenzial von Verfahren zur bildbasierten Schätzung der Fahrzeugeigenbewegung. Regentropfen auf der Windschutzscheibe gehören dem Kamera-Referenzsystem an. Ihr Bewegungsverhalten unterscheidet sich demnach deutlich von dem der starren Szene. Abbildung 6.3(a) zeigt beispielhaft eine homographie-basierte Bildregistrierung für die Fahrbahnebene als Überlagerung zweier aufeinanderfolgender Bilder. Regentropfen (rechts) sind hierbei deutliche Ausreißer. Darüber hinaus verbleiben Regentropfen über mehrere Zeitschritte auf der Windschutzscheibe und können aufgrund ihrer starken Kontraste mit großer Zuverlässigkeit dem korrespondierenden Bildpunkt zugeordnet werden. Im Idealfall können solche Punkte durch eine Ausreißererkennung eliminiert werden. Je nach Anzahl der Korrespondenzen und ihre Häufung im Bild können jedoch kritische Situationen entstehen, in denen die Registrierung von aufeinander folgenden Bildern versagt.

In den nächsten Abschnitten werden zwei Standardverfahren zur visuellen Odometrieschätzung in monokularen Bildsequenzen getestet. Zunächst erfolgt eine quantitative Bewertung für ein homographie-basiertes Verfahren zur Bildregistrierung [Ros09]. Danach werden anhand der *LIBVISO2*-Implementierung (Library for Visual Odometry 2) [Gei11] zwei kritische Fallbeispiele diskutiert.

Homographie-basierte Bildregistrierung

Bei diesem Verfahren wird zunächst die von der Fahrbahn induzierte Homographie zwischen zwei Bildern mit Hilfe der Fahrzeuggeschwindigkeit initialisiert und Harris-Punktkorrespondenzen [Har88] durch Korrelation bestimmt. Eine robuste Schätzung der gesuchten Homographie erfolgt mit dem *Direct Linear Transform* Algorithmus (DLT) [Har04] in Kombination mit RANSAC [Fis81]. Abschließend wird eine MAP Schätzung für die Parameter der Fahrzeugbewegung über sieben Zeitschritte ($k \pm 3$) durchgeführt, wobei die A-Priori-Wahrscheinlichkeiten für die geschätzten Parameter auf Basis wahrscheinlicher Fahrmanöver für Autobahn und Landstraßenszenarien modelliert werden. Eine detaillierte Beschreibung findet sich in [Ros09].

Punktkorrespondenzen auf Regentropfen stellen Ausreißer für das nachfolgende Schätzverfahren dar (Abbildung 6.3(a)). RANSAC ist zwar je nach Anzahl an Iterationsschritten robust gegenüber einer gewissen Ausreißerquote. Wie in Abbildung 6.3(b) gezeigt, kann es dadurch in manchen Fällen zu Falschregistrierungen kommen. Dies kann durch vorherige Maskierung der erkannten Regentropfen verhindert und die Bildregistrierung deutlich verbessert werden (Abbildung 6.3(c)).

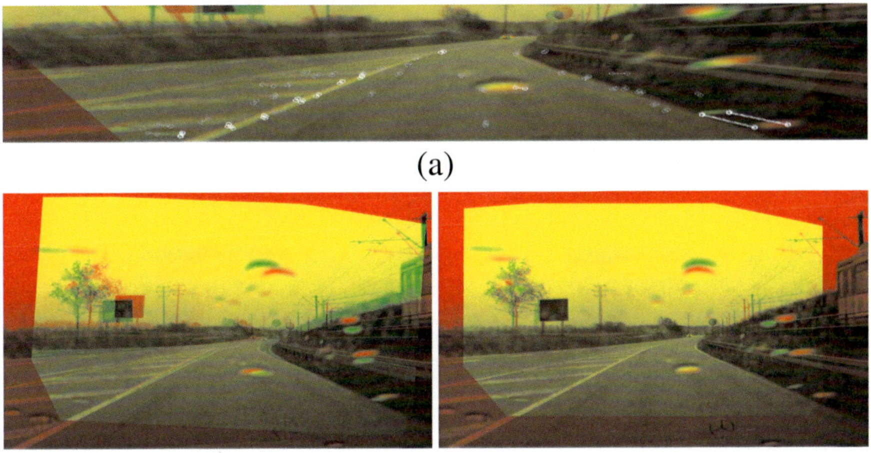

(a) (b) (c)

Abbildung 6.3: Punktkorrespondenzen für die Bildregistrierung (a); Fehlregistrierung aufgrund von Regentropfen (b); korrekte Registrierung durch die Maskierung von Regentropfen (c).

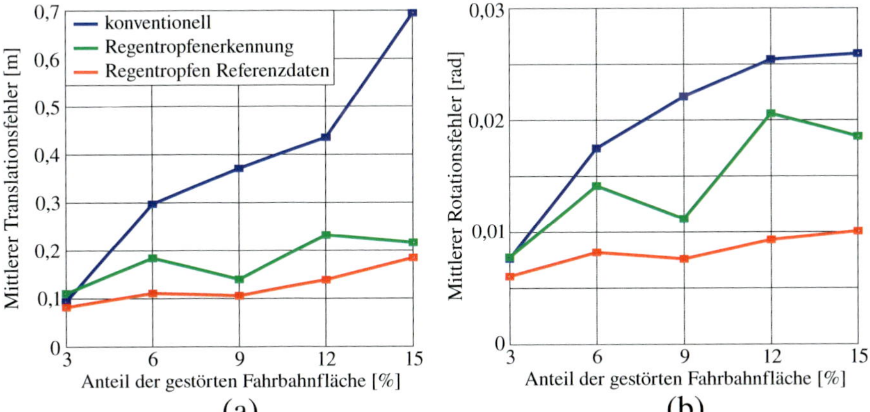

Abbildung 6.4: Mittlerer Translationsfehler (a) und mittlerer Rotationsfehler (b) für konventionelle und verbesserte Verfahren der homographie-basierten Bildregistrierung.

Eine quantitative Bewertung des Verbesserungspotenzials für die Eigenbeweguns-schätzung erfolgt erneut mit den in Kapitel 6.2 vorgestellten Verfahren. Abbildung 6.4(a-b) zeigen den mittleren Translations- und Rotationsfehler über den Anteil der gestörten Fahrbahnfläche für eine Landstraßen-Sequenz mit 302 Bildern.

Bei der konventionellen Eigenbewegungsschätzung steigt der mittlere Translationsfehler mit zunehmender Störung der Fahrbahnfläche annähernd linear von 0,09m auf 0,69m, der Rotationsfehler von 0,007 bis 0,026. Bei der *Regentropfenerkennung* werden alle Puntkkorrespondenzen verworfen, die auf einem detektierten Regentropfen liegen. Dies führt zu einem mittleren Translationsfehler von 0,111m bis 0,232m bzw. zu einem mittleren Rotationsfehler von 0,008 bis 0,021. Das maximale Verbesserungspotenzial beträgt 68,9% (Translation) und 49,3% (Rotation). Eine ideale Regentropfenerkennung mit den *Regentropfen Referenzdaten* führt zu einem mittleren Translationsfehlern $\leq$ 0,184m ($-$73,5%) und einem mittleren Rotationsfehlern $\leq$ 0,01 ($-$65,6%).

Visual Odometry Implementierung

Die *LIBVISO2*-Implementierung [Gei11] basiert auf einer kombinierten Ecken- und Blob-Detektion mit korrelations-basierten Korrespondenzsuche. Zur Schätzung der Fundamentalmatrix aus (2.56) wird ein normalisierter 8-Punkt Algorithmus [Har04] verwendet. Als Kriterium zur Erkennung von Ausreißern fungiert der *Sampson* Abstand [Har04] des Rückprojektionsfehlers.

Zur Diskussion kritischer Fallbeispiele wurden zwei Beispielsequenzen eines innerstädtischen Abbiegevorgangs (leichter Niederschlag) und einer Autobahnauffahrt (mäßiger Niederschlag) gewählt (Abbildung 6.5(a-b)). Zunächst sei angemerkt, dass bislang keine monoskopischen Verfahren solch schwierige Situationen zuverlässig meistern können. Insbesondere die Bestimmung der korrekten Skale aus monokularen Bildsequenzen gestaltet sich sehr schwierig. Darüber hinaus resultiert die Geschwindigkeit aus der Ableitung dieser stark rauschbehafteten Größe und wird daher sehr ungenau geschätzt. Dennoch werden im Folgenden systematische Fehler bei der Schätzung der Gierrate aufgezeigt, die von Regentropfen verursacht werden können.

Abbildung 6.5(c-d) zeigen jeweils die geschätzte Gierraten für zwei Beispielsequenzen, zusammen mit den Referenzdaten aus einem integrierten Navigationssystem (INS). Sowohl in Abbildung 6.5(c), Bildnummer 1093 – 1098 als auch in Abbildung 6.5(d), Bildnummer 198 – 204 missglückt über einen längeren Zeitraum die korrekte Bestimmung der Eigenbewegung. Abbildung 6.5(a-b) zeigen jeweils ein Beispielbild aus den relevanten Zeitfenstern, zusammen mit den Flussvektoren der Punktkorrespondenzen. In beiden Fällen existiert an der linken Fahr-

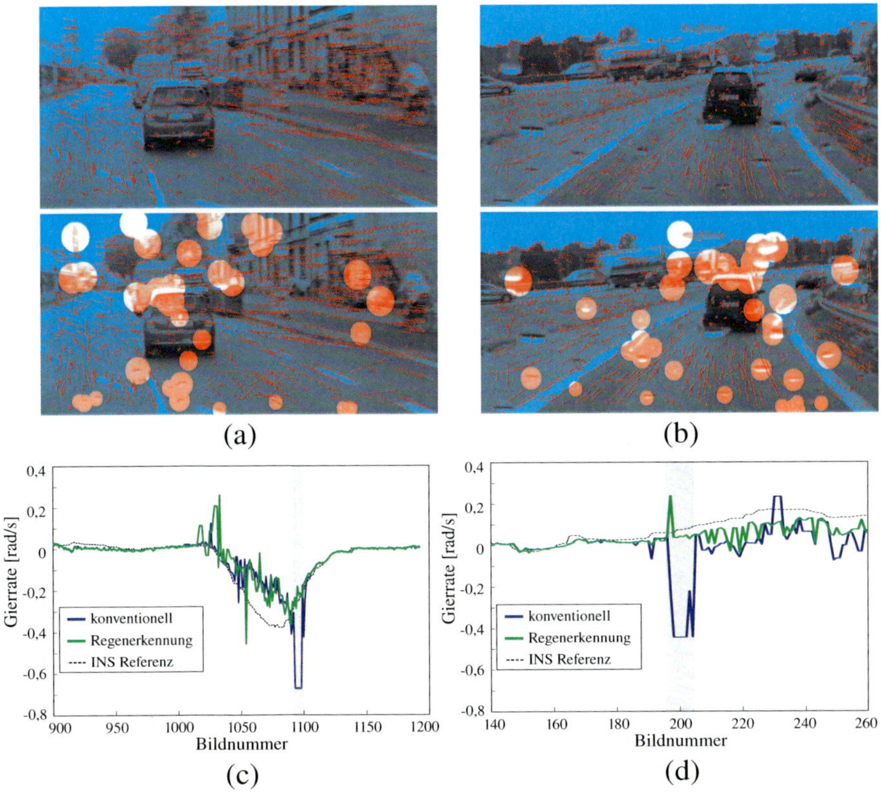

Abbildung 6.5: Kritischen Situationen für die Eigenbewegungsschätzung (a-b). Eine Häufung von Regentropfen in gewissen Bildbereichen kann zu systematischen Fehlern in der geschätzten Gierrate führen. Durch die Maskierung von Regentropfen kann dieser Effekt vermindert werden (c-d).

bahnberandung eine Häufung von Punktkorrespondenzen mit betragsmäßig sehr kleinen Flussvektoren, die durch anhaftende Regentropfen verursacht werden. Dies führt zu einem systematischen Fehler, wodurch ein starkes Gieren nach links geschätzt wird. Durch eine Maskierung von Regentropfen kann dieser Effekt deutlich verringert werden. Insbesondere tritt keine fehlerhafte Schätzung der Gierrate über mehrere Zeitschritte aufgrund von systematischen Fehlern auf.

6.4 Bildverbesserung

Im Folgenden wird ein Ausblick zur Verbesserung monokularer Bildsequenzen für nicht-sicherheitsrelevante Assistenz- bzw. Komfortsysteme gegeben.

Liegt eine akkurate Eigenbewegungsschätzung aus Kapitel 6.3 vor, können mit Hilfe der Homographien des Fünf-Ebenen-Umfeldmodells aus Kapitel 4.3.1 die von Regentropfen in einem Zeitschritt verdeckten Bildbereiche aus den Grauwertinformationen der benachbarten Zeitschritte rekonstruiert werden. Zur Vermeidung von Bildartefakten aufgrund von Helligkeitsänderungen, Vignettierung oder Registrierungsfehlern werden hierfür Multi-Skalen-Splines (engl. *Multiresolution Splines*) [Bur83] verwendet. Eine detaillierte Beschreibung des Verfahrens ist in [Ros09] gegeben.

Abbildung 6.6 zeigt Beispiele der homographie-basierten Bildrekonstruktion. Eine präzise Rekonstruktion der verdeckten Bildbereiche gelingt für wohl definierte Ebenen, wie beispielsweise die Fahrbahnebene (①). Befindet sich die Randbebauung nahe bei den modellierten, seitlichen Ebenen, können die Strukturen ebenfalls akkurat nachgebildet werden (②). In diesen Fällen sind auch Fehldetektionen des Erkennungsverfahrens auf unbewegten Objekten der Szene unproblematisch, denn sie werden wie in ③ gezeigt exakt rekonstruiert. Modellverletzungen führen jedoch zu Parallaxenfehlern, die sich negativ auf die Qualität der Bildrekonstruktion auswirken (④).

Die Grenze des Verbesserungsverfahrens ist für große Regentropfen in entfernten Bereichen der modellierten Ebenen erreicht (⑤). Aufgrund der geringen Länge der Flussvektoren reichen wenige benachbarte Bilder hier nicht aus, um den verdeckten Bereich vollständig zu ersetzen. Eine weitere Voraussetzung für das Verfahren ist eine vollständige Segmentierung der Regentropfen, da ansonsten Tropfenfragmente im Bild verbleiben (⑥) oder sich Regentropfenbereiche, die als störungsfrei segmentiert wurden, in benachbarte Bilder fortpflanzen können.

6.5 Zusammenfassung

In diesem Kapitel wurde das Verbesserungspotenzial von bestehenden Fahrerassistenzfunktionen untersucht und mögliche Anwendungsfelder einer Regentropfenerkennung diskutiert.

Abbildung 6.6: Bildverbesserung durch homographie-basierte Rekonstruktion verdeckter Bildbereiche aus Grauwertinformationen benachbarter Zeitschritte. Für zutreffende Modellannahmen können Bildbereiche präzise rekonstruiert werden (①-③); Herausforderungen bilden Parallaxenfehler (④), entfernte Bereiche (⑤) und nicht vollständig segmentierte Regentropfen (⑥).

Die Realisierbarkeit einer videobasierten Schweibenwischerregelung wurde an vier Autobahnsequenzen gezeigt. Aufgrund der geringen Fehldetektionsraten in trockenen Szenarien konnte eine Aktivierungsschwelle für den Schweibenwischer mit einer Sicherheitsreserve von $150 - 233\%$ ausgewählt werden.

Eine videobasierte Fahrspurerkennung profitiert durch weniger Ausreißer in den Beobachtungen von der vorgestellten Regentropfenerkennung. Die mittlere Messabweichung der Markierungskandidaten konnte mit dem entwickelten Verfahren um bis zu 55% reduziert werden. Das mögliche Verbesserungspotenzial bei einer optimalen Erkennung aller Regentropfen liegt bei bis zu 75%.

Verfahren der visuellen Odometrie werden ebenfalls durch Regentropfen beeinträchtigt. Insbesondere eine Häufung von Regentropfen in bestimmten Bildbereichen kann zu systematischen Fehlern bei der Schätzung der Gierrate führen.

Weitere Anwendungsfelder für die Regentropfenerkennung umfasst eine Verbesserung von monokularen Bildsequenzen durch die Rekonstruktion verdeckter Bildbereiche, wobei diese und ähnliche Strategien aufgrund der hohen Sicherheitsanforderungen mancher Assistenzfunktionen nur mit Einschränkungen umsetzbar sind.

7 Zusammenfassung und Ausblick

Die vorliegende Arbeit beschreibt ein Verfahren zur Erkennung von Regentropfen auf der Windschutzscheibe in Einzelbildern und monoskopischen Bildfolgen. Sie liefert eine vollständige, durchgehend Bayes'sche Beschreibung der Verarbeitungskette eines Erkennungssystems, basierend auf einer umfassenden, physikalischen und signaltheoretischen Betrachtung des Entstehungsprozesses von Regentropfen auf der Windschutzscheibe.

Durch eine Untersuchung der atmosphärischen Niederschlagsbildung sowie der physikalischen Grundlagen zur Bildentstehung in realen optischen Systemen können in dieser Arbeit drei charakteristische Merkmale von Regentropfen identifiziert werden: Erstens befinden sich Regentropfen und weitere anhaftende Verschmutzungen auf der Windschutzscheibe nicht im Schärfentiefenbereich des Kamerasystems, was in einer unscharfen Abbildung auf der Bildebene resultiert. Zweitens kann, aufbauend auf einer Modellierung der Regentropfen-Oberfläche, das typische Erscheinungsbild von Regentropfen durch eine geometrische Verfolgung des Strahlengangs und einer radiometrischen Betrachtung der Brechungsvorgänge simuliert werden. Als drittes Merkmal wird das Bewegungsverhalten von Regentropfen unter äußeren Einflüssen wie Schwerkraft und Fahrtwindanströmung untersucht. Alle drei Merkmale werden durch experimentelle Untersuchungen validiert und geeignet parametriert.

Desweiteren ermöglicht die Beschreibung der atmosphärischen Niederschlagsbildung durch die Marshall-Palmer-Verteilung eine explizite Modellierung der Verteilungsdichte von Regentropfengrößen für unterschiedliche Niederschlagsintensitäten. Dadurch kann einerseits die Anzahl an Regentropfenmuster auf wahrscheinliche Tropfengrößen reduziert und andererseits das Vorwissen über die Regentropfengrößenverteilung mit Hilfe eines empirschen Bayes Verfahrens modelliert und in die Verarbeitungskette des Erkennungssystems integriert werden.

Für die Erkennung von Regentropfen in Einzelbildern wird ein Bayes'sches Verfahren vorgestellt, das zuvor segmentierte Objektkandidaten auf Basis ihrer visuellen Ähnlichkeit zu simulierten Regentropfenmuster klassifiziert. Die A-Priori-Wahrscheinlichkeitsverteilung der Objektklassen wird durch ein empirisches Bayes-Verfahren mit Hilfe der Marshall-Palmer-Verteilung modelliert. Die Vorsegmentierung der Objektkandidaten erfolgt durch eine Blob-Detektion im, für Regentropfen und andere auf der Windschutzscheibe anhaftende Störungen, relevanten Frequenzband. Die Simulation von realistischen Regentropfenmustern erfolgt durch die geometrische Optik unter Berücksichtigung der Radiometrie des Abbildungsprozesses. Eine Vorausberechnung von Lookup-Tabellen für diskrete Bildpositionen erzielt eine deutliche Verringerung des erforderlichen Rechenaufwands für die Erstellung der Regentropfenmuster zur Laufzeit. Zudem wird eine Analyse der wichtigsten Fehlereinflüsse auf das optische Brechungsmodell von Regentropfen durchgeführt. Hierbei können die wichtigsten Modellannahmen validiert und der maßgebliche Einfluss des örtlichen Diskretisierungsfehlers linear kompensiert werden.

In dieser Arbeit wird darüber hinaus ein kontinuierlich-diskreter Bayes-Filter zur gleichzeitigen Erkennung und kinematisch-visuellen Validierung von Regentropfenkandidaten vorgestellt und als autonomes Multi-Modell-Filter (AMM) realisiert. Für die Datenassoziation werden verschiedene Verfahren verglichen, wobei sich eine deterministische Nächste-Nachbarn-Zuordnung gegenüber den probabilistischen Verfahren als überlegen herausstellt. Eine Validierung der Regentropfenkandidaten erfolgt durch Bewertung der visuellen Ähnlichkeit und der Übereinstimmung des Bewegungsverhaltens zwischen den Messungen und den Systemmodellen mit Hilfe eines rekursiven, sequentiellen Hypothesentests.

Die Leistungsfähigkeit der Verfahren wird basierend auf realen Bildsequenzen mit unterschiedlich starker Sichtbeeinträchtigung und verschiedenen Kamera-Einbaugeometrien untersucht und bewertet. Neben einer objektiven Evaluation der Verfahren durch Recall-Precision-Diagramme, wird das Kapitel um eine subjektive Bewertungsmöglichkeit ergänzt, indem zahlreiche Detektionsergebnisse visuell miteinander verglichen und die prinzipiellen Stärken und Schwächen der untersuchten Verfahren diskutiert werden.

Weiterhin stellt die vorliegende Arbeit praktische Anwendungsbeispiele für eine videobasierte Regentropfenerkennung vor und evaluiert das Verbesserungspotenzial von ausgewählten Fahrerassistenzfunktionen in Hinblick auf eine effizientere und robustere Gestaltung in ungünstigen Witterungsbedingungen bei einer Präsenz von störenden Regentropfen auf der Windschutzscheibe. Weitere Strategien bestehen in der Verbesserung von monokularen Bildsequenzen durch Rekonstruktion verdeckter Bildbereiche, wobei ein möglicher Einsatz auf nicht-sicherheitsrelevante Fahrerinformations- und Komfortsysteme begrenzt ist.

Obgleich das vorgestellte Verfahren zur Erkennung von Regentropfen bereits gute Ergebnisse liefert und ein beträchtliches Verbesserungspotenzial für videobasierte Fahrerassistenzfunktionen aufgezeigt werden kann, sind einige Themenschwerpunkte zur Weiterentwicklung des Erkennungssystems vorstellbar:

Viele Fehldetektionen sind auf regelmäßig wiederholende Muster und Verkehrsteilnehmer mit einer geringen Relativbewegung zum Ego-Fahrzeug zurückzuführen. Auf diese Fehlerarten sollte besonderer Augenmerk gerichtet werden.

Neben der Leistungsfähigkeit des Erkennungssystems ist die Segmentierungsgenauigkeit von Regentropfen ausschlaggebend für eine Verbesserung von nachfolgenden Bildverarbeitungsalgorithmen. Durch eine möglichst genaue Segmentierung der tatsächlichen Tropfenränder kann der maximale, ungestörte Bildbereich für nachfolgende Algorithmen verwendet werden. Dennoch muss sichergestellt werden, dass keine Regentropfenartefakte im ungestörten Bildbereich verbleiben. Dieser Fragestellung wurde im Rahmen der vorliegenden Arbeit nicht detailliert nachgegangen.

Das entwickelte Erkennungssystem besitzt eine hohe Modularität und ist mit geringem Aufwand durch eine physikalische Modellierung von neuen Störungstypen erweiterbar. Aus diesem Grund stellt die Integration von Modellen zur Erkennung von Steinschlag, Schlierenbildung und sonstigen anhaftenden Partikeln, aber auch zur Detektion von Verschmutzungen und Pixelfehlern des Kamerasensors, eine wertvolle Weiterentwicklung des Erkennungssystems dar.

A Anhang

A.1 Versuchsaufbau und Experimente: Bestimmung der Kontaktwinkel

Zur Bestimmung der Kontaktwinkel in Kapitel 2.1.3 werden Regentropfen mit einem Volumen von $V = 1 - 20\mu l$ auf unterschiedlich geneigten Glasflächen von KFZ-Windschutzscheiben ($\omega = 0 - 65°$) untersucht. Abbildung A.1(a-b) zeigt den Versuchsaufbau.

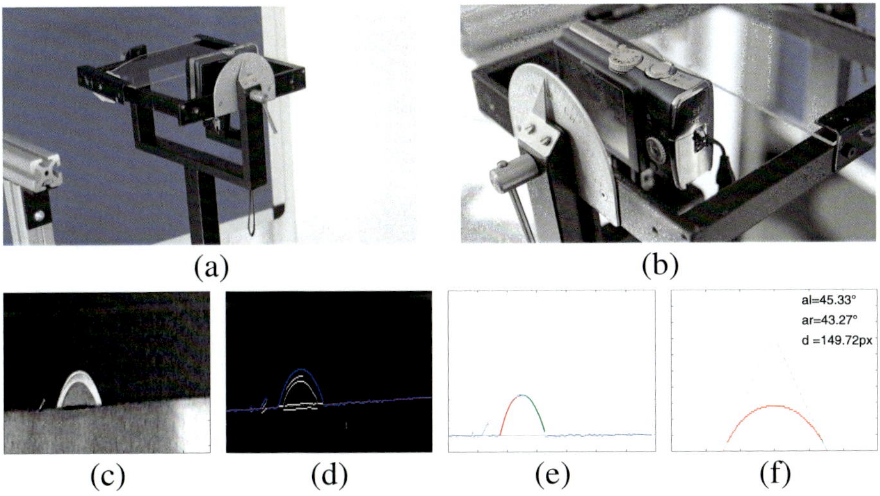

Abbildung A.1: Versuchsaufbau zur Bestimmung von Kontaktwinkeln und Béziergewichten in Kapitel 2.1.3 und Beschreibung der Merkmalsextraktion.

Hierfür erfolgt, wie in Abbildung A.1(c) gezeigt, für jede Kombination aus Tropfengröße und Neigungswinkel der Windschutzscheibe eine Aufnahme der Tropfensilhouette. Daraus wird der Tropfenumriss mit Hilfe eines Canny-Eckendetektors [Can86] auf den Grauwerten des Kamerabilds extrahiert. Zur Kompensation von Ungenauigkeiten in der Ausrichtung von Kamera und Glasscheibe erfolgt zudem eine RANSAC Schätzung [Fis81] der Glasoberfläche (Abbildung A.1(d)). Im weiteren Prozessablauf erfolgt eine RANSAC Schätzung der linken und rechten Tropfenhälften, ausgehend vom höchsten Punkt des Tropfenumrisses (Abbildung A.1(e)). Abschließend wird die Schätzung einer Bézier-Kurve durch alle Inlier nach der Methode der kleinsten Fehlerquadrate durchgeführt [Ros10]. Daraus ergibt sich die Tropfenform aus Abbildung A.1(f) sowie die Kontaktwinkel durch Anlegen einer Tangente im Dreiphasenpunkt.

Jede Kombination aus Tabelle A.1, für die die Anhaftbedingung von Regentropfen auf der Scheibe erfüllt ist, ergibt somit jeweils einen Messpunkt für θ_f, θ_r, w_f, w_r.

Tabelle A.1: Versuchsdurchführung zur Schätzung der Kontaktwinkel

Parameter		Anzahl	Werte
Tropfenvolumen	V	9	$1 - 20\mu l$
Neigungswinkel der Scheibe	ω	14	$0 - 65°$
Anzahl untersuchter Tropfen		$6 - 9$	

Abbildung A.3 macht deutlich, dass die Messwerte der Regentropfen stark unsicherheitsbehaftet sind. Aus diesem Grund erfolgt zunächst eine robuste Schätzung des Kontaktwinkels θ_0 und des Bézier-Gewichts w_0 auf ebener Scheibe $\omega = 0°$ mittels iterativem, gewichteten Least-Square Schätzer [Hub64]. Abbildung A.2 zeigt die Ergebnisse für eine *Huber*-Gewichtsfunktion und 20 Iterationen.

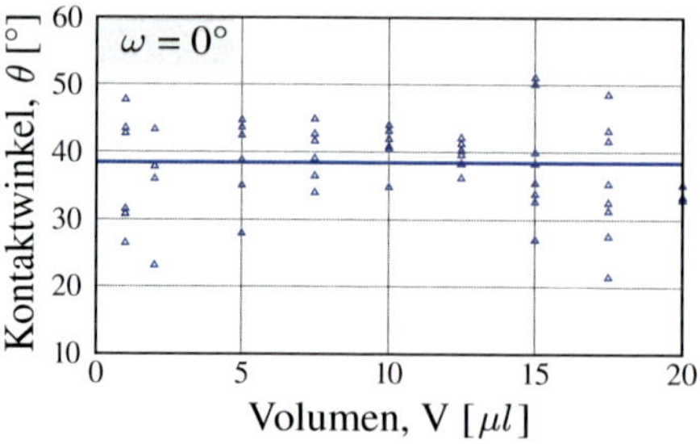

(a)

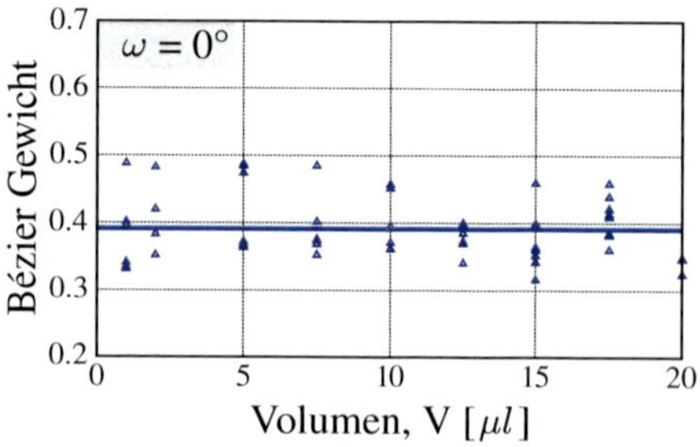

(b)

Abbildung A.2: Schätzergebnisse auf ebener Scheibe.

Danach werden die Kontaktwinkel $\theta_\mathrm{f}(V,\omega)$, $\theta_\mathrm{r}(V,\omega)$ sowie deren zugehörigen Gewichte $w_\mathrm{f}(V,\omega)$, $w_\mathrm{r}(V,\omega)$ unter der Nebenbedingung $\theta(V,\omega = 0°) = \text{const.} = \theta_0$ bzw. $w(V,\omega = 0°) = \text{const.} = w_0$ geschätzt [Law95]. Abbildung A.3 zeigt den Verlauf der Kontaktwinkel und der Béziergewichte bei einer Variation der Scheibenneigung für verschiedene Tropfengrößen.

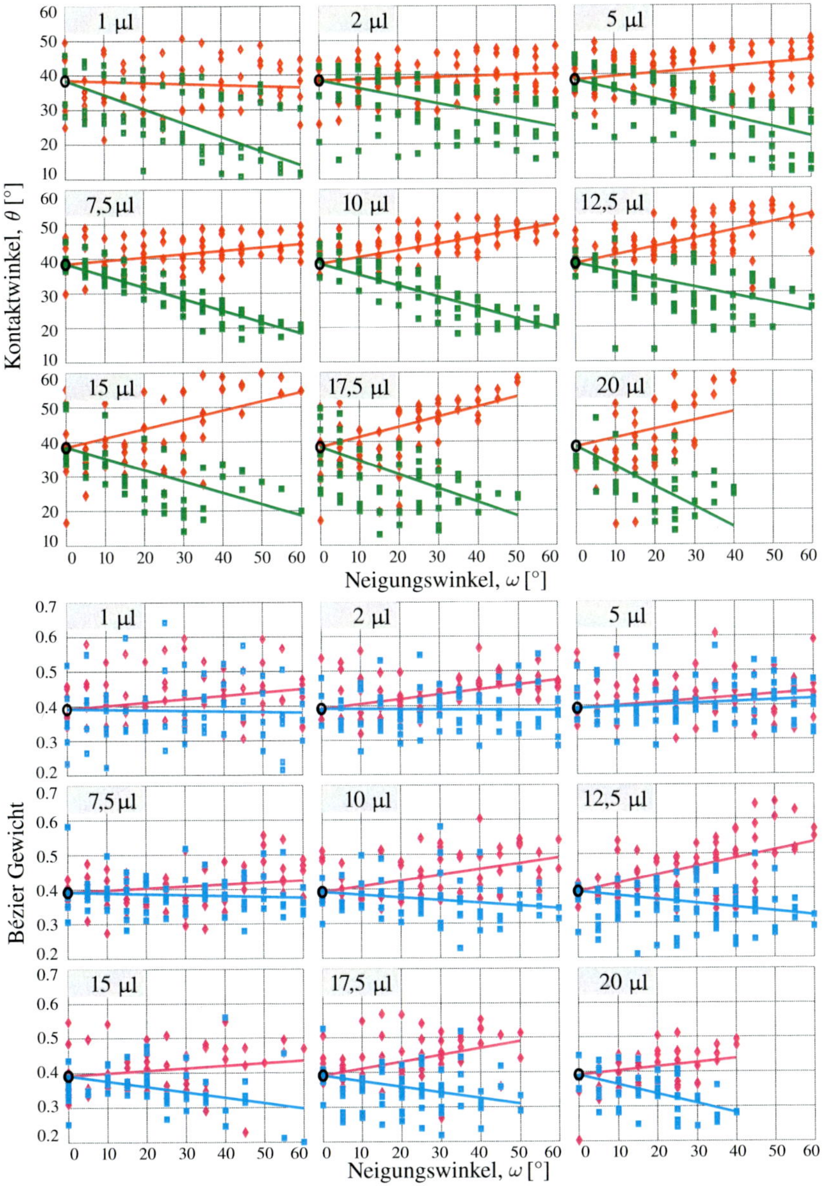

Abbildung A.3: Verlauf von Kontaktwinkeln und Béziergewichten bei Variation der Scheibenneigung für verschiedene Tropfengrößen.

A.2 Versuchsaufbau und Experimente: Validierung des Regentropfenmodells

Der Versuchsaufbau für die Untersuchung der Abbildungs-Unschärfe von Regentropfen und zur Validierung der geometrischen und radiometrischen Beziehungen für die Berechnung eines Regentropfenmusters ist in Abbildung A.4(a-b) gezeigt.

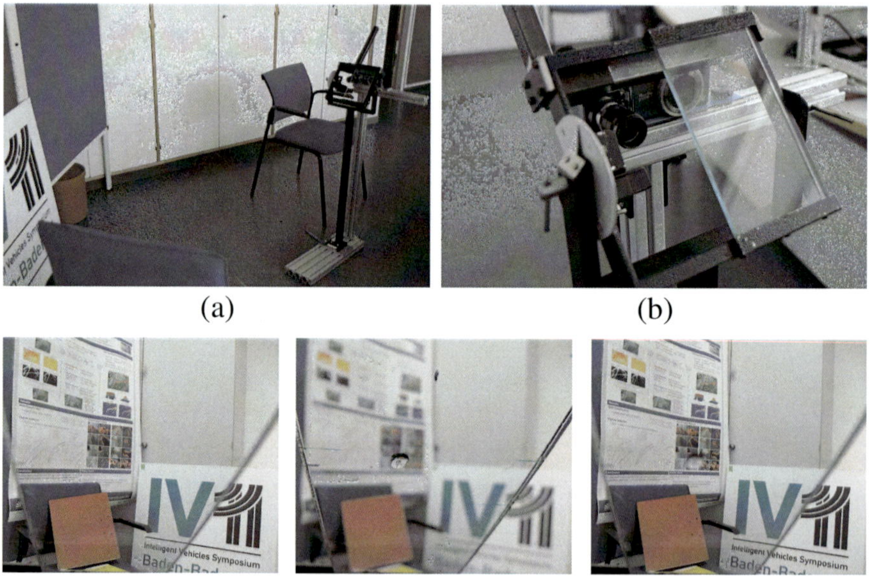

(a) (b)

(c) (d) (e)

Abbildung A.4: Versuchsaufbau zur Validierung der geometrischen Strahlverfolgung und der radiometrischen Korrektur sowie zur Untersuchung von Unschärfe.

Die Neigung der Windschutzscheibe sowie deren Abstand zur Kamera ist bekannt. Zudem wurde eine definierte Szene in exakt bekannter Entfernung zur Kamera geschaffen. Wie in Abbildung A.4(c) gezeigt, erfolgt zunächst die Bildaufnahme ohne störenden Tropfen. Danach wird ein Regentropfen auf die geneigte Windschutzscheibe, möglichst nahe an die optische Achse der Kamera, gesetzt und weitere zwei Aufnahmen gemacht: erste fokusiert die Kamera auf den Regentropfen (Abbildung A.4(d)) und danach erfolgt, wie in Abbildung A.4(e) gezeigt, eine Bildaufnahme scharf abgebildeter Szene.

Durch die Kombination dieser drei Testaufnahmen kann der Versuchsaufbau sowohl zur Untersuchung der Unschärfe als auch zur Validierung der geometrischen Strahlverfolgung und der radiometrischen Korrektur verwendet werden. Für die Validierung der Unschärfe in Kapitel 2.2.3 wird Abbildung A.4(d) mit einem Unschärfescheibchen gefaltet und anschließend mit der originalen Abbildung eines unscharfen Regentropfens in Abbildung A.4(e) verglichen. Zur Validierung des geometrischen Strahlenganges und der Radiometrie in Kapitel 2.3.3 wird aus dem ungestörten Bild in Abbildung A.4(c) ein simulierter Regentropfen berechnet und es erfolgt ein Vergleich mit der scharfen Aufnahme eines Regentropfens in Abbildung A.4(d).

Tabelle A.2 zeigt die durchgeführten Versuchsläufe.

Tabelle A.2: Versuchsdurchführung

Parameter		Versuch 1	Versuch 2
Tropfenvolumen	V	5µl	10µl
Neigungswinkel der Scheibe	ω	$50°$	$45°$
Entfernung zur Scheibe	d_{ws}	0,08m	0,10m
Entfernung zur Szene	d_{env}	1,2m	1,5m
Brennweite	f	5mm	5mm
Blende	O	4	4

A.3 Versuchsaufbau und Experimente: Anhaftbedingung

Zur experimentellen Validierung der Anhaftbedingung von Regentropfen werden zunächst jeweils sieben Regentropfen gleichen Volumens auf einer geneigten Windschutzscheibe platziert. Unter Beibehaltung der Windschutzscheibenneigung wird dann das Tropfenvolumen sukzessize um 0,5µl erhöht, bis die Tropfen zu fließen beginnen. Abbildung A.5(a-b) zeigen den Versuchaufbau. In Tabelle A.3 sind für die getesteten Neigungswinkel $\omega = 20 - 80°$ die maximalen Tropfenvolumen gezeigt, bis zu denen eine gewisse Anzahl an Regentropfen gerade noch auf der Windschutzscheibe anhaftet.

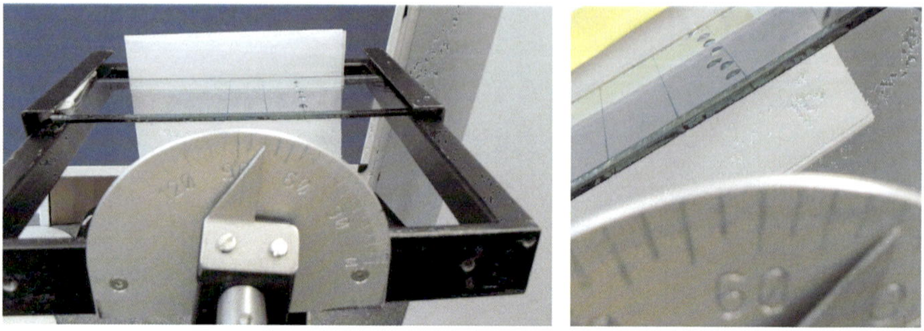

(a) (b)

Abbildung A.5: Versuchsaufbau zur Validierung der Anhaftbedingung von Regentropfen.

Tabelle A.3: Maximales Volumen für anhaftende Regentropfen in [µl]

Neigungswinkel der Scheibe	Anzahl anhaftender Regentropfen						
ω	7/7	6/7	5/7	4/7	3/7	2/7	1/7
20°	24,0	26,0	30,0	35,0	40,0	45,0	50,0
30°	16,0	17,0	18,0	19,0	20,0	21,0	22,0
40°	13,0	13,5	14,0	14,5	15,0	16,0	17,0
50°	10,0	10,5	11,0	12,0	13,0	13,5	14,0
60°	8,0	9,0	–	9,5	10,0	11,0	12,0
70°	7,5	–	8,0	–	8,5	9,5	10,0
80°	6,5	7,0	–	7,5	–	8,0	8,5

A.4 Versuchsaufbau und Experimente: Anströmung von Regentropfen

Dieses Kapitel zeigt den Versuchsaufbau zur Bestimmung der maximalen Regentropfenanströmung. Wie in Abbildung A.6(a) gezeigt, kommt hierfür ein Gebläse und ein Anenometer *Trotec BA15* zur Anwendung. Die Anströmgeschwindigkeit kann stufenlos im Bereich von $U_\infty = 0 - 10\frac{\mathrm{m}}{\mathrm{s}}$ geregelt werden. Durch einen speziellen Aufsatz wird sichergestellt, dass der Luftstrom gleichmäßig aufgeteilt und hälftig auf das Anenometer und auf die Windschutzscheibe geführt wird.

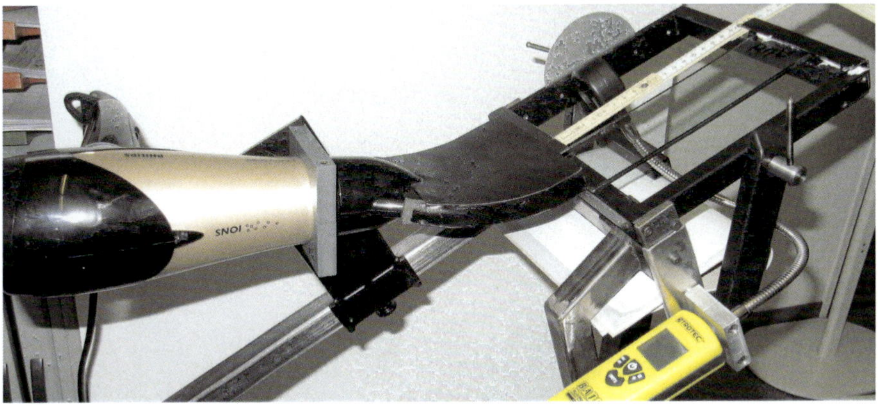

(a)

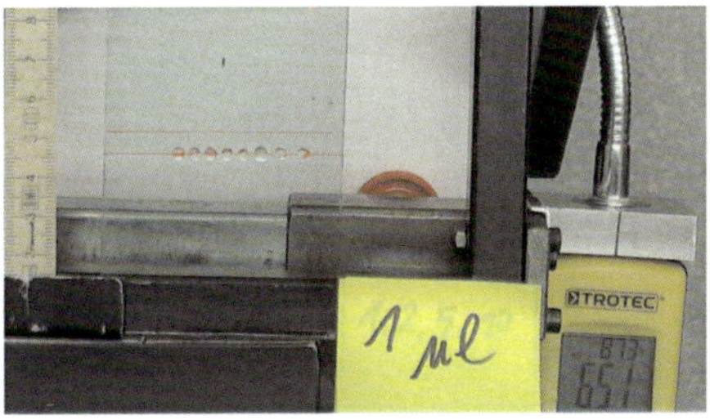

(b)

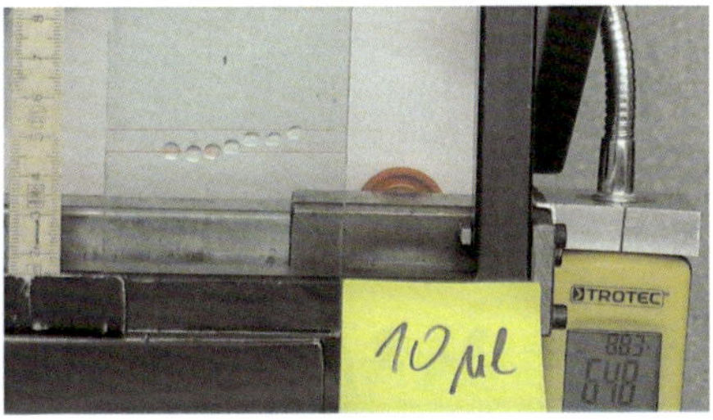

(c)

Abbildung A.6: Versuchsaufbau zur Bestimmung der maximalen Regentropfenanströmung.

Zunächst wird die Neigung der Windschutzscheibe auf $\omega = 25°$ eingestellt. Dann werden in mehreren Testläufen insgesamt $7 - 11$ Regentropfen für jedes Volumen

$V = \{1\mu l, 2\mu l, 5\mu l, 10\mu l, 15\mu l, 20\mu l\}$ auf der Windschutzscheibe platziert und die Anströmgeschwindigkeit gleichmäßig auf circa $U_\infty = 10\,\frac{\text{m}}{\text{s}}$ erhöht.

Abbildung A.6(b-c) zeigen zwei Beispiele aus dem Versuchsablauf. Während bei eine Anströmgeschwindigkeit von $U_\infty = 6{,}5\,\frac{\text{m}}{\text{s}}$ alle Regentropfen mit einem Volumen von $V = 1\mu l$ stabil an der Windschutzscheibe anhaften (Abbildung A.6(b)), unterliegen Regentropfen mit einem Volumen von $V = 10\mu l$ bei dieser Anströmgeschwindigkeit bereits einer deutlichen Bewegung (Abbildung A.6(c)).

Tabelle A.4 zeigt die maximale Anströmgeschwindigkeit bis zum Fließbeginn für $7 - 11$ Regentropfen gleichen Volumens in aufsteigender Reihenfolge.

Tabelle A.4: Anströmgeschwindigkeit bei Fließbeginn in $\left[\frac{\text{m}}{\text{s}}\right]$

Versuchsnummer	Volumen					
#	1μl	2μl	5μl	10μl	15μl	20μl
1	8,41	7,09	6,51	6,17	7,34	7,14
2	8,43	7,11	6,53	6,25	7,39	7,18
3	8,54	7,17	6,55	6,27	7,42	7,24
4	8,65	7,38	6,72	6,89	7,53	7,32
5	8,82	7,84	6,88	7,33	7,66	7,38
6	8,83	7,88	7,55	7,40	7,88	7,83
7	9,07	7,94	7,69	7,47	8,50	8,53
8	9,10	8,65	7,88	7,55	–	–
9	9,23	9,13	8,06	7,62	–	–
10	9,41	–	8,34	8,21	–	–
11	9,52	–	8,79	–	–	–

A.5 Versuchsträger und Hardware

Im Rahmen dieser Arbeit wurde eine CCD Farbkamera der Firma MATRIX VISION GmbH verwendet. Als Versuchsträger kamen am Institut für Mess- und Regelungstechnik (MRT) des Karlruher Instituts für Technologie (KIT) zwei Messfahrzeuge zum Einsatz. Die relevanten Spezifikationen und die verwedete Hardware ist in Tabelle A.5 gegeben. Die Bezeichner zur Bemaßung der Kamera-Einbaugeometrie können aus Abbildung A.7 entnommen werden.

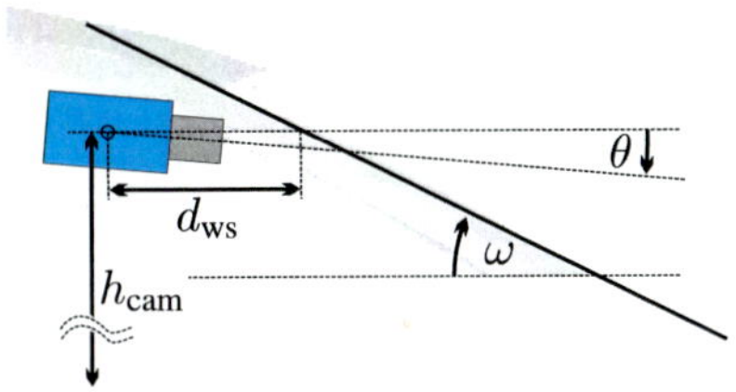

Abbildung A.7: Kamera-Einbaugeometrie

Tabelle A.5: Versuchträger, Kameraspezifikationen und Einbaugeometrie

		Mercedes 300E	**Audi Q7**
Referenzdaten			
Integriertes Navigationssystem	INS	nein	ja
Kamera-Einbaugeometrie			
Nickwinkel der Kamera	θ	$-2°$	1,8°
Kamerahöhe über Grund	h_{cam}	1,2m	1,4m
Kameraabstand zur Scheibe	d_{ws}	0,1m	0,18m
Neigungswinkel der Scheibe	ω	37°	24,5°
Objektiv-Parameter			
Brennweite	f	6mm	6mm
Blende	O	4	4
Kamera-Spezifikation			
Kameramodell		mvBlueFOX-221C	
Sensorhersteller		Sony	
Sensorname		ICX204AL/AQ	
Sensortyp		CCD	
Auslösung		1024×768 Pixel	
Maximale Framerate		39 Hz	
Sensorgröße		1/3“	
Pixelgröße		$4{,}65 \times 4{,}65\mu m$	
Belichtungsszeit		$44\mu s - 10s$	
ADC-Auflösung / Ausgabe		12 Bit → 10 Bit	
USB Typ		USB 2.0	

A.6 Parametrierung der Erkennungssysteme

Die vorliegende Arbeit erprobt und bewertet folgende Verfahren zur Erkennung von Regentropfen in Einzelbildern und in monokularen Bildfolgen:

***Surf*:** Konventioneller SURF-Detektor [Bay06]; im Rahmen dieser Arbeit gilt *Surf* als Vergleichsbasis

***Variblur*:** Verstärkung von relevanten Bildinformationen mit einem Bandpassfilter, dessen Durchlassbereich durch zwei Blendenstufen O^+, O^- definiert wird; nachfolgende SURF-Detektion auf dem Ergebnisbild

***GRM_{ML}*:** Vorausberechnung von Regentropfenmuster unerschiedlichen Volumens an $u \times v$ Bildpositionen; Erstellung einer Hintergrundhypothese durch ein Verfahren der Bildrekonstruktion [Tel04]; abschließende Maximum-Likelihood-Klassifikation

***GRM_{MAP}*:** Wie *GRM_{ML}*, nur Klassifikation unter Berücksichtigung der A-Priori-Wahrscheinlichkeitsverteilung der Objektklassen

***$Bayes_{NN}$*:** Kontinuierlich-diskreter Bayes-Filters aus Kapitel 4.2 auf Basis von *GRM_{MAP}*; Zuordnung der Messungen durch eine Nächste-Nachbarn Assoziation

***$Bayes_{PDA}$*:** Wie *$Bayes_{NN}$*, nur erfolgt die Zuordnung der Messungen durch eine probabilistische Datenassoziation

Alle Kameraparameter wurden aus Tabelle A.5 übernommen und sind im Folgenden nicht erneut aufgeführt. Die restliche Parametrierung der Verfahren ist in Tabelle A.6 und Tabelle A.7 gegeben. Aus den jeweils letzten Spalte geht hervor, auf welche Weise der Parameterwert gefunden wurde:

p: Die Parametrierung basiert auf der *physikalischen Modellierung* in Kapitel 2.

m: Bei diesem Parameterwert handelt es sich um eine *Modellierungsannahme*. Im Allgemeinen wurden die getroffenen Annahmen in Kapitel 3 und Kapitel 4 diskutiert.

l: Dieser Wert wurde aus der *Literatur* übernommen.

o: Der Parameterwert wurde durch ein stochastisches Optimierungsverfahren (Simulated Annealing) [Kir83, Gra94] bestimmt.

Tabelle A.6: Parametrierung der Verfahren zur Erkennung von Regentropfen in Einzelbildern

		Surf	*Variblur*	*GRM*$_{ML/MAP}$	
Schwellwert für Determinante der Hessematrix	S	[50,10000]	[50,10000]	[50,10000]	
Anzahl Oktaven		4	4	4	o
Anzahl Layers		4	4	4	o
minimaler Radius		3 Pixel	3 Pixel	3 Pixel	p
maximaler Radius		84 Pixel	84 Pixel	84 Pixel	p
maximale Überlappung von Detektionen		0%	0%	0%	m
fokussierte Gegenstandsweite, (2.34)	g		50m	50m	p
min. Blende, (3.22)	O^+		0,7	0,7	p
max. Blende, (3.22)	O^-		5,6	5,6	p
Anz. horizontaler Bildpositionen nach Abbildung 3.7	u			6	m
Anz. vertikaler Bildpositionen	v			4	m
Anz. Tropfenvolumen				5	p
modellierte Tropfenvolumen	V			1,2,5,10,20µl	p
Oberflächen-Modell				Bézierflächen	p
Einflussradius für Bildrekonstruktion [Tel04]				5 Pixel	l
Abstand zur Szene	d_{env}			15m	m
Faktor zur Bestimmung des Korrelationsbereichs, (3.42)	k			2	o
Brechungsindex, Glas	n_{g}			1,518	l
Brechungsndex, Wasser	n_{w}			1,333	l

Tabelle A.7: Parametrierung der Verfahren zur Erkennung von Regentropfen in Bildfolgen. Grundlage bildet GRM_{MAP} mit einem Detektionsschwellwert $S = 150$.

		$Bayes_{NN}$	$Bayes_{PDA}$	
Assoziationsmethode		NN	PDA	m
Initialwert der Kovarianz des Zustands	$\boldsymbol{P}_0$	$\begin{bmatrix} 21{,}8 & 0 \\ 0 & 21{,}8 \end{bmatrix}$	$\begin{bmatrix} 45 & 0 \\ 0 & 45 \end{bmatrix}$	o
Systemkovarianz-matrix I, (4.25)	$\boldsymbol{Q}_\mathrm{I}$	$\begin{bmatrix} 5{,}7^2 & 0 \\ 0 & 5{,}7^2 \end{bmatrix} \cdot 10^{-2}$	$\begin{bmatrix} 2{,}3^2 & 0 \\ 0 & 2{,}3^2 \end{bmatrix}$	o
Systemkovarianz-matrix II, (4.34)	$\boldsymbol{Q}_\mathrm{II}$	$\begin{bmatrix} 2{,}6^2 & 0 \\ 0 & 2{,}6^2 \end{bmatrix} \cdot 10^{-2}$	$\begin{bmatrix} 5{,}3^2 & 0 \\ 0 & 5{,}3^2 \end{bmatrix} \cdot 10^{6}$	o
Messkovarianz-matrix, (4.40)	$\boldsymbol{R}$	$\begin{bmatrix} 1{,}2^2 & 0 \\ 0 & 1{,}2^2 \end{bmatrix}$	$\begin{bmatrix} 1{,}5^2 & 0 \\ 0 & 1{,}5^2 \end{bmatrix} \cdot 10^{-4}$	o
Log-Likelihood Schwellwert für Hypothese I, (4.48)	t_I	$[-100{,}2000]$	$[-100{,}2000]$	
Log-Likelihood Schwellwert für Hypothese II, (4.48)	t_II	0	0	
Schwellwert für die Trackausgabe, (4.51)	t_a	1,37	53,31	o
Schwellwert zum Beenden von Tracks, (4.50)	t_c	13,48	53,31	o
Schwellwert für Objektkandidaten, (4.23)	t_ML	0,7	0,7	m
Abstand Ebene, (4.30)	d_h	72,3	196,4	o
Abstand Ebene, (4.30)	d_o	15,2	5,4	o
Abstand Ebene, (4.30)	$d_\mathrm{l/r}$	$\pm 6{,}57$	$\pm 9{,}64$	o
Konfidenzintervallgröße, (4.10)	κ	3	3	l
Gewicht für Mahalanobis-Distanz, (4.37)	w_1	0,3	0,3	o
Gewicht für Ähnlichkeitsmetrik, (4.37)	w_2	0,7	0,7	o
Wahrscheinlichkeitsmasse in Konfidenzintervall, (4.10)			0,982	l
Detektionswahrscheinlichkeit, (4.44)			0,89	o
Wahrscheinlichkeit für Fehldetektion, (4.44)			0,17	o

Literaturverzeichnis

[Aan11] H. Aanæs, A. Dahl, and K. S. Pedersen: "Interesting interest points". *International Journal of Computer Vision* pp. 1–18, 2011.

[And08] M. Andriluka, S. Roth, and B. Schiele: *People-tracking-by-detection and people-detection-by-tracking*. In *IEEE Conference on Computer Vision and Pattern Recognition (CVPR '08)*, pp. 1 –8, June 2008.

[Aru02] M. Arulampalam, S. Maskell, N. Gordon, and T. Clapp: "A tutorial on particle filters for online nonlinear/non-gaussian bayesian tracking". *IEEE Transactions on Signal Processing* **50** (2), pp. 174 –188, Feb 2002.

[Atl77] D. Atlas and C. W. Ulbrich: "Path- and area-integrated rainfall measurement by microwave attenuation in the 1-3 cm band". *Journal of Applied Meteorology* **16** (12), pp. 1322–1331, 1977.

[Bau90] A. Baumgartner (Hrsg.): *Lehrbuch der Hydrologie, Allgemeine Hydrologie, quantitative Hydrologie*, Bd. 1. Bornträger, Berlin, 1990. 611 - 649.

[Bay06] H. Bay, T. Tuytelaars, and L. V. Gool: *Surf: Speeded up robust features*. In *European Conference on Computer Vision (ECCV '06)*, Austria, May 2006.

[Bay08] H. Bay, A. Ess, T. Tuytelaars, and L. Van Gool: "Speeded-up robust features (surf)". *Computer Vision and Image Understanding* **110**, pp. 346–359, June 2008.

[Ben02] M. Bennamoun and G. Mamic: *Object Recognition: Fundamentals and Case Studies*. Advances in pattern recognition. Springer, London, 2002.

[Ber00] M. Bertalmio, G. Sapiro, V. Caselles, and C. Ballester: *Image inpainting*. In *SIGGRAPH*, pp. 417–424, 2000.

[Bis06] C. M. Bishop: *Pattern Recognition and Machine Learning*. Springer, 2006.

[BS88] Y. Bar-Shalom: *Tracking and Data Association.* Academic Press Inc., 1988.

[BS01] Y. Bar-Shalom and X.-R. Li: *Estimation with Applications to Tracking and Navigation.* Wiley, 2001.

[Bur83] P. J. Burt and E. H. Adelson: "A multiresolution spline with application to image mosaics". *ACM Transactions on Graphics* **2**, pp. 217–236, 1983.

[Can86] J. Canny: "A computational approach to edge detection". *IEEE Transactions on Pattern Analysis and Machine Intelligence* 1986.

[Cas96] K. R. Castleman: *Digital image processing.* Prentice-Hall, Upper Saddle River, NJ, 1996.

[Cas01] G. Casella: "Empirical bayes gibbs sampling". *Biostatistics* **2** (4), pp. 485–500, 2001.

[Cli78] R. Clift, J. R. Grace, and M. E. Weber: *Bubbles, drops, and particles.* Academic Press Inc., 1978.

[Dal05] N. Dalal and B. Triggs: *Histograms of oriented gradients for human detection.* In *IEEE Conference on Computer Vision and Pattern Recognition (CVPR '05)*, vol. 2, pp. 886–893, June 2005.

[Din08] H. Ding and P. Spelt: "Onset of motion of a three-dimensional droplet on a wall in shear flow at moderate reynolds numbers". *Journal of Fluid Mechanics* **599**, pp. 341 – 362, 2008.

[Din10] H. Ding, M. Gilani, and P. Spelt: "Sliding, pinch-off and detachment of a droplet on a wall in shear flow". *Journal of Fluid Mechanics* **644**, pp. 217 – 244, 2010.

[Dju03] P. Djuric, J. Kotecha, J. Zhang, Y. Huang, T. Ghirmai, M. Bugallo, and J. Miguez: "Particle filtering". *IEEE Signal Processing Magazine* **20** (5), pp. 19 – 38, Sep 2003.

[Dra99] V. Dragalin, A. Tartakovsky, and V. Veeravalli: "Multihypothesis sequential probability ratio tests .i. asymptotic optimality". *IEEE Transactions on Information Theory* **45** (7), pp. 2448 –2461, Nov 1999.

[Dub97] W. H. Dubbel, Heinrich [Begr.] ; Beitz (Hrsg.): *Taschenbuch für den Maschinenbau.* Springer, Berlin, 19. Aufl., 1997.

[Dud01] R. O. Duda, P. E. Hart, and D. G. Stork: *Pattern classification*. Wiley, 2 ed., 2001.

[Dus83] V. Dussan and R. Chow: "On the ability of drops or bubbles to stick to non-horizontal surfaces of solids". *Journal of Fluid Mechanics* **137**, pp. 1 – 29, 1983.

[Dus85] V. Dussan: "On the ability of drops or bubbles to stick to non-horizontal surfaces of solids. part 2. small drops or bubbles having contact angles of arbitrary size". *Journal of Fluid Mechanics* **151**, pp. 1 – 20, 1985.

[Far02] G. E. Farin: *Curves and surfaces for CAGD: a practical guide*. The Morgan Kaufmann series in computer graphics and geometric modeling. Morgan Kaufmann, San Francisco, 5 ed., 2002.

[Fis81] M. A. Fischler and R. C. Bolles: "Random sample consensus: a paradigm for model fitting with applications to image analysis and automated cartography". *Commun. ACM* **24** (6), pp. 381–395, June 1981.

[Fox03] V. Fox, J. Hightower, L. Liao, D. Schulz, and G. Borriello: "Bayesian filtering for location estimation". *Pervasive Computing, IEEE* **2** (3), pp. 24 – 33, Sep 2003.

[Fro00] A. Frohn and N. Roth: *Dynamics of droplets*. Experimental fluid mechanics. Springer, Berlin, 2000.

[Gar05] K. Garg and S. Nayar: *When does a camera see rain?*. In *IEEE International Conference on Computer Vision (ICCV '05)*, vol. 2, pp. 1067–1074, Oct 2005.

[Gar06] K. Garg and S. Nayar: "Photorealistic rendering of rain streaks". *ACM Transactions on Graphics* Jul 2006.

[Gar07] K. Garg and S. Nayar: "Vision and rain". *International Journal of Computer Vision* **75** (1), pp. 3–27, 2007.

[Gay10a] J. Gayko und M. Roser: *Method for Image Restoration in a Computer Vision System*. Honda Motor Co Ltd., WO/2010/084707 (PCT/JP2010/000092), Anmeldedatum: 2010-01-08, Veröffentlichungsdatum: 2010-07-29. Aufl., 2010.

[Gay10b] J. Gayko, M. Roser und J. Halimeh: *Method and Apparatus for Identifying Raindrops on a Windshield.* Honda Motor Co Ltd., WO/2010/084521 (PCT/JP2009/000181), Anmeldedatum: 2009-01-20, Veröffentlichungsdatum: 2010-07-29. Aufl., 2010.

[Gei11] A. Geiger, J. Ziegler, and C. Stiller: *Stereoscan: Dense 3d reconstruction in real-time.* In *IEEE Intelligent Vehicles Symposium (IV '11)*, Baden-Baden, Germany, June 2011.

[Gla89] A. S. H. Glassner (ed.): *An introduction to ray tracing.* Academic Press, London, 1989.

[Goe81] P. K. Goel and M. H. Degroot: "Information about hyperparamters in hierarchical models". *Journal of the American Statistical Association* **76** (373), pp. 140–147, 1981.

[Gon77] R. Gonzalez and P. Wintz: *Digital image processing*, vol. 13 of *Applied mathematics and computation.* Addison-Wesley, Mass., 1977.

[Gor09] S. Gormer, A. Kummert, S.-B. Park, and P. Egbert: *Vision-based rain sensing with an in-vehicle camera.* In *IEEE Intelligent Vehicles Symposium (IV '09)*, pp. 279 –284, June 2009.

[Gra94] V. Granville, M. Krivanek, and J.-P. Rasson: "Simulated annealing: a proof of convergence". *IEEE Transactions on Pattern Analysis and Machine Intelligence* **16** (6), pp. 652 –656, Jun 1994.

[Had04] E. Hadjidemetriou, M. Grossberg, and S. Nayar: "Multiresolution histograms and their use for recognition". *IEEE Transactions on Pattern Analysis and Machine Intelligence* **26** (7), pp. 831 –847, Jul 2004.

[Hal79] E. Hall: *Computer image processing and recognition.* Computer science and applied mathematics. Acad. Pr., New York, 1979.

[Hal09] J. Halimeh and M. Roser: *Raindrop detection on car windshields using geometric-photometric environment construction and intensity-based correlation.* In *IEEE Intelligent Vehicle Symposium (IV '09)*, Xi'an, China, 2009.

[Har88] C. Harris and M. Stephens: *A combined corner and edge detector.* In *Proceedings of the 4th Alvey Vision Conference*, pp. 147–151, 1988.

[Har04] R. I. Hartley and A. Zisserman: *Multiple View Geometry in Computer Vision.* Cambridge University Press, 2 ed., 2004.

[Hau07] N. Hautière, J.-P. Tarel, and D. Aubert: *Simultaneous contrast restoration and obstacles detection: First results*. In *IEEE Intelligent Vehicle Symposium (IV '07)*, pp. 130–135, Istanbul, Turkey, 2007.

[Hec05] E. Hecht: *Optik*. Oldenbourg, München, 4. Aufl., 2005.

[Hen00] R. Henry, S. Mahadev, S. Urquijo, and D. Chitwood: "Color perception through atmospheric haze". *Journal of the Optical Society of America* **17** (5), pp. 831–835, 2000.

[Hof07] C. Hoffmann: *Fahrzeugdetektion durch Fusion monoskopischer Videomerkmale*. Dissertation, Karlsruher Institut für Technologie (KIT), Universitätsverlag, Karlsruhe, 2007.

[Hub64] P. J. Huber: "Robust estimation of a location parameter". *The Annals of Mathematical Statistics* **35** (1), pp. pp. 73–101, 1964.

[Jai97] A. K. Jain, N. K. Ratha, and S. Lakshmanan: "Object detection using gabor filters". *Pattern Recognition* **30**, pp. 295–309, 1997.

[Jäh05] B. Jähne: *Digitale Bildverarbeitung*. Springer, Berlin, 6. Aufl., 2005.

[Kan94] T. Kanade and M. Okutomi: "A stereo matching algorithm with an adaptive window: theory and experiment". *IEEE Transactions on Pattern Analysis and Machine Intelligence* **16** (9), pp. 920 –932, Sep 1994.

[Kir83] S. Kirkpatrick, C. D. Gelatt, and M. P. Vecchi: "Optimization by simulated annealing". *Science* **220** (4598), pp. 671–680, 1983.

[Kos41] H. Koschmieder: *Dynamische Meteorologie*. Physik der Atmosphäre ; 2. Akad. Verl.-Ges., Leipzig, 2 ed., 1941.

[Kur05] H. Kurihata, T. Takahashi, I. Ide, Y. Mekade, H. M. Y. Tamatsu, and T. Miyahara: *Rainy weather recognition from in-vehicle camera images for driver assistance*. In *IEEE Intelligent Vehicles Symposium (IV '05)*, pp. 205–210, 2005.

[Lat11] H. Lategahn, T. Graf, C. Hasberg, B. Kitt, and J. Effertz: *Mapping in dynamic environments using stereo vision*. In *IEEE Intelligent Vehicles Symposium (IV '11)*, pp. 150 –156, Jun 2011.

[Law95] C. L. Lawson and R. J. Hanson: *Solving least squares problems*. 3 ed., 1995.

[Lei08] B. Leibe, K. Schindler, N. Cornelis, and L. Van Gool: "Coupled object detection and tracking from static cameras and moving vehicles". *IEEE Transactions on Pattern Analysis and Machine Intelligence* **30** (10), pp. 1683 –1698, Oct 2008.

[Li02] X. Li, N. Li, and V. Jilkov: *Sprt-based track confirmation and rejection.* In *Proceedings of the Fifth International Conference on Information Fusion*, vol. 2, pp. 951 – 958, 2002.

[Lin98] T. Lindeberg: "Feature detection with automatic scale selection". *International Journal of Computer Vision* **30**, pp. 79–116, Nov 1998.

[Liu03] X. Liu and D. Wang: "Texture classification using spectral histograms". *IEEE Transactions on Image Processing* **12** (6), pp. 661 – 670, Jun 2003.

[Low99] D. G. Lowe: *Object recognition from local scale-invariant features.* In *IEEE International Conference on Computer Vision (ICCV '99)*, pp. 1150–1157, 1999.

[Low04] D. G. Lowe: "Distinctive image features from scale-invariant keypoints". *International Journal of Computer Vision* **60** (2), pp. 91–110, Nov 2004.

[Mar48] J. S. Marshall and W. M. K. Palmer: "The distribution of raindrops with size". *Journal of Meteorology* **5** (4), pp. 165–166, 1948.

[Mik04] K. Mikolajczyk and C. Schmid: "Scale & affine invariant interest point detectors". *International Journal of Computer Vision* **60**, pp. 63–86, Oct 2004.

[Mik05a] K. Mikolajczyk and C. Schmid: "A performance evaluation of local descriptors". *IEEE Transactions on Pattern Analysis and Machine Intelligence* **27** (10), pp. 1615 –1630, Oct 2005.

[Mik05b] K. Mikolajczyk, T. Tuytelaars, C. Schmid, A. Zisserman, J. Matas, F. Schaffalitzky, T. Kadir, and L. Van Gool: "A comparison of affine region detectors". *International Journal of Computer Vision* **65** (1-2), pp. 43–72, 2005.

[Mit93] K. L. H. Mittal (ed.): *Contact angle, wettability and adhesion : Festschrift in honour of Professor Robert J. Good.* VSP, Utrecht, 1 ed., 1993.

[Mit07] H. B. Mitchell: *Multi-Sensor Data Fusion: An Introduction*. Springer, 1 ed., Sept. 2007.

[Nar02] S. Narasimhan and S. Nayar: "Vision and the atmosphere". *International Journal of Computer Vision* **48** (3), pp. 233–254, 2002.

[Nar03] S. G. Narasimhan and S. K. Nayar: "Contrast restoration of weather degraded images". *IEEE Transactions on Pattern Analysis and Machine Intelligence* **25**, pp. 713–724, 2003.

[Neu64] A. W. Neumann und P.-J. Sell: „Kritische Randwinkel und kritische Adhäsionsarbeit". *Zeitschrift für Physikalische Chemie* **41**, S. 183–190, 1964.

[Nie74] H. Niemann: *Methoden der Mustererkennung*. Informationsverarbeitung in technischen, biologischen und oekonomischen Systemen ; 2. Akad. Verl.-Ges., Frankfurt am Main, 1974.

[Nie83] H. Niemann: *Klassifikation von Mustern*. Springer, Berlin, 1983.

[Nix06] M. S. Nixon and A. S. Aguado: *Feature extraction and image processing*. Newnes, Oxford, 2006.

[Oak98] J. Oakley and B. Satherley: "Improving image quality in poor visibility conditions using a physical model for contrast degradation". *IEEE Transactions on Image Processing* **7** (2), pp. 167–179, 1998.

[Oer95] H. Oertel: *Strömungsmechanik : Methoden und Phänomene*. Springer-Lehrbuch. Springer, Berlin, 1995.

[Pha10] M. Pharr and G. Humphreys: *Physically based rendering : from theory to implementation*. Elsevier Morgan Kaufmann, Amsterdam, 2 ed., 2010.

[Pér96] J.-P. Pérez: *Optik*. Spektrum Lehrbuch. Spektrum Akad. Verl., Heidelberg, 1996.

[Pul05] G. Pulford: "Taxonomy of multiple target tracking methods". *IEE Proceedings on Radar, Sonar and Navigation* **152** (5), pp. 291 – 304, Oct 2005.

[Ran99] T. Randen and J. Husoy: "Filtering for texture classification: a comparative study". *IEEE Transactions on Pattern Analysis and Machine Intelligence* **21** (4), pp. 291 –310, Apr 1999.

[RL05] X. Rong Li and V. Jilkov: "Survey of maneuvering target tracking. part v. multiple-model methods". *IEEE Transactions on Aerospace and Electronic Systems* **41** (4), pp. 1255 – 1321, Oct 2005.

[Rod08] E. Rodner, H. Susse, W. Ortmann, and J. Denzler: *Difference of boxes filters revisited: Shadow suppression and efficient character segmentation.* In *The Eighth IAPR International Workshop on Document Analysis Systems (DAS '08)*, pp. 263 –269, Sep 2008.

[Ros71] A. Rosenfeld and M. Thurston: "Edge and curve detection for visual scene analysis". *IEEE Transactions on Computers* **C-20** (5), pp. 562 – 569, May 1971.

[Ros08] M. Roser and F. Moosmann: *Classification of weather situations on single color images.* In *IEEE Intelligent Vehicle Symposium (IV '08)*, Eindhoven, Netherlands, 2008.

[Ros09] M. Roser and A. Geiger: *Video-based raindrop detection for improved image registration.* In *IEEE Workshop on Video-Oriented Object and Event Classification (in conj. with ICCV '09)*, Tokyo, Japan, 2009.

[Ros10] M. Roser, J. Kurz, and A. Geiger: *Realistic modeling of water droplets for monocular adherent raindrop recognition using bézier curves.* In *Asian Conference on Computer Vision (ACCV '10)*, Queensland, New Zealand, 2010.

[Ros11] M. Roser und C. Stiller: *Modellbasierte Erkennung von Regentropfen in Einzelbildern zur Berbesserung von videobasierten Fahrerassistenzsystemen.* In: *7. Workshop Fahrerassistenzsysteme (FAS '11)*, Walting, Germany, 2011.

[Sch00] C. Schmid, R. Mohr, and C. Bauckhage: "Evaluation of interest point detectors". *International Journal of Computer Vision* **37**, pp. 151–172, Jun 2000.

[Sch02] D. Scharstein and R. Szeliski: "A taxonomy and evaluation of dense two-frame stereo correspondence algorithms.". *International Journal of Computer Vision* pp. 7–42, 2002.

[Shi94] J. Shi and C. Tomasi: *Good features to track.* In *IEEE Conference on Computer Vision and Pattern Recognition (CVPR '94)*, pp. 593 –600, Jun 1994.

[Smi93] J. A. Smith: "Marked point process models of raindrop-size distributions". *Journal of Applied Meteorology* **32** (2), pp. 284–296, 1993.

[Sto95] E. Stollnitz, A. DeRose, and D. Salesin: "Wavelets for computer graphics: a primer.1". *Computer Graphics and Applications, IEEE* **15** (3), pp. 76 –84, May 1995.

[Stu07] I. Stuppacher and P. Supan: *Rendering of water drops in real-time.* In *Central European Seminar on Computer Graphics for students (CESCG '07)*, 2007.

[Sun06] Z. Sun, G. Bebis, and R. Miller: "On-road vehicle detection: a review". *IEEE Transactions on Pattern Analysis and Machine Intelligence* **28** (5), pp. 694 –711, May 2006.

[Swa90] M. Swain and D. Ballard: *Indexing via color histograms.* In *Third International Conference on Computer Vision (ICCV '90)*, pp. 390 – 393, Dec 1990.

[Tan07] R. Tan, N. Pettersson, and L. Petersson: *Visibility enhancement for roads with foggy or hazy scenes.* In *IEEE Intelligent Vehicle Symposium (IV '07)*, pp. 19–24, Istanbul, Turkey, 2007.

[Tel04] A. Telea: "An image inpainting technique based on the fast marching method". *Journal of Graphics, GPU, and Game Tools* **9** (1), pp. 23–34, 2004.

[Thr05] S. Thrun, W. Burgard, and D. Fox: *Probabilistic robotics.* Intelligent robotics and autonomous agents. MIT Press, Cambridge, Mass., 2005.

[Uij99] R. Uijlenhoet and J. N. M. Stricker: "A consistent rainfall parameterization based on the exponential raindrop size distribution". *Journal of Hydrology* **218** (3-4), pp. 101 – 127, 1999.

[Vas97] N. Vasconcelos and A. Lippman: *Empirical bayesian em-based motion segmentation.* In *IEEE Conference on Computer Vision and Pattern Recognition (CVPR '97)*, pp. 527–532, Puerto Rico, 1997.

[Vil09] E. Villermaux and B. Boss: "Single-drop fragmentation determines size distribution of raindrops". *Nature Physics* 2009.

[Vio01] P. Viola and M. Jones: *Rapid object detection using a boosted cascade of simple features.* In *IEEE Conference on Computer Vision and Pattern Recognition (CVPR '01)*, vol. 1, pp. 511 – 518, 2001.

[Vio04] P. Viola and M. Jones: "Robust real-time face detection". *International Journal of Computer Vision* **57**, pp. 137–154, 2004.

[Wal45] A. Wald: "Sequential tests of statistical hypotheses". *The Annals of Mathematical Statistics* **16** (2), pp. 117–186, 1945.

[Wan05] H. Wang, P. J. Mucha, and G. Turk: "Water drops on surfaces". *ACM Transactions on Graphics* **24**, pp. 921–929, Jul 2005.

[Win09] H. Winner, S. Hakuli, and G. Wolf: *Handbuch Fahrerassistenzsysteme: Grundlagen, Komponenten und Systeme für aktive Sicherheit und Komfort*. Vieweg + Teubner, 1 ed., Jul 2009.

[Wit83] A. P. Witkin: *Scale-space filtering*. In *Proceedings of the 8th International Joint Conference on Artificial Intelligence*, vol. 2, pp. 1019–1022, Morgan Kaufmann Publishers Inc., San Francisco, USA, 1983.

[Wol57] K. L. Wolf: *Physik der Grenzflächen - Die Phänomene im Allgemeinen*. Springer, 1957.

[Xu09] D. Xu und C. Xiao: *Color-Preserving Defog Method for Foggy or Hazy Scenes*. In: *International Conference on Computer Vision Theory and Applications (VISAPP '09)*, 2009.

[Yam04] A. Yamashita, T. Harada, T. Kaneko, and K. Miura: *Removal of adherent noises from images of dynamic scenes by using a pan-tilt camera*. In *IEEE International Conference on Intelligent Robots and Systems (IROS '04)*, vol. 1, pp. 437–442 vol.1, Sep 2004.

[Yam08] A. Yamashita, I. Fukuchi, T. Kaneko, and K. Miura: *Removal of adherent noises from image sequences by spatio-temporal image processing*. In *IEEE International Conference on Robotics and Automation (ICRA '08)*, pp. 2386–2391, May 2008.

[Zha08] Y. Zhang, J. Yang, K. Liu, and X. Zhang: "Self-detection of optical contamination or occlusion in vehicle vision systems". *Journal of Optical Engineering* **47** (6), p. 067006, 2008.

Schriftenreihe
Institut für Mess- und Regelungstechnik
Karlsruher Institut für Technologie
(1613-4214)

Die Bände sind unter www.ksp.kit.edu als PDF frei verfügbar oder als Druckausgabe bestellbar.

Band 001 Hans, Annegret
Entwicklung eines Inline-Viskosimeters auf Basis eines magnetisch-induktiven Durchflussmessers. 2004
ISBN 3-937300-02-3

Band 002 Heizmann, Michael
Auswertung von forensischen Riefenspuren mittels automatischer Sichtprüfung. 2004
ISBN 3-937300-05-8

Band 003 Herbst, Jürgen
Zerstörungsfreie Prüfung von Abwasserkanälen mit Klopfschall. 2004
ISBN 3-937300-23-6

Band 004 Kammel, Sören
Deflektometrische Untersuchung spiegelnd reflektierender Freiformflächen. 2005
ISBN 3-937300-28-7

Band 005 Geistler, Alexander
Bordautonome Ortung von Schienenfahrzeugen mit Wirbelstrom-Sensoren. 2007
ISBN 978-3-86644-123-1

Band 006 Horn, Jan
Zweidimensionale Geschwindigkeitsmessung texturierter Oberflächen mit flächenhaften bildgebenden Sensoren. 2007
ISBN 978-3-86644-076-0

Band 007 Hoffmann, Christian
Fahrzeugdetektion durch Fusion monoskopischer Videomerkmale. 2007
ISBN 978-3-86644-139-2

Band 008 Dang, Thao
Kontinuierliche Selbstkalibrierung von Stereokameras. 2007
ISBN 978-3-86644-164-4

Band 009 Kapp, Andreas
Ein Beitrag zur Verbesserung und Erweiterung der Lidar-Signalverarbeitung für Fahrzeuge. 2007
ISBN 978-3-86644-174-3

Band 010 Horbach, Jan
Verfahren zur optischen 3D-Vermessung spiegelnder Oberflächen. 2008
ISBN 978-3-86644-202-3

Band 011 Böhringer, Frank
Gleisselektive Ortung von Schienenfahrzeugen mit bordautonomer Sensorik. 2008
ISBN 978-3-86644-196-5

Band 012 Xin, Binjian
Auswertung und Charakterisierung dreidimensionaler Messdaten technischer Oberflächen mit Riefentexturen. 2009
ISBN 978-3-86644-326-6

Band 013 Cech, Markus
Fahrspurschätzung aus monokularen Bildfolgen für innerstädtische Fahrerassistenzanwendungen. 2009
ISBN 978-3-86644-351-8

Band 014 Speck, Christoph
Automatisierte Auswertung forensischer Spuren auf Patronenhülsen. 2009
ISBN 978-3-86644-365-5

Band 015 Bachmann, Alexander
Dichte Objektsegmentierung in Stereobildfolgen. 2010
ISBN 978-3-86644-541-3

Band 016 Duchow, Christian
Videobasierte Wahrnehmung markierter Kreuzungen mit lokalem Markierungstest und Bayes'scher Modellierung. 2011
ISBN 978-3-86644-630-4

Band 017 Pink, Oliver
Bildbasierte Selbstlokalisierung von Straßenfahrzeugen. 2011
ISBN 978-3-86644-708-0

Band 018 Hensel, Stefan
Wirbelstromsensorbasierte Lokalisierung von Schienenfahrzeugen in topologischen Karten. 2011
ISBN 978-3-86644-749-3

Band 019 Carsten Hasberg
Simultane Lokalisierung und Kartierung spurgeführter Systeme. 2012
ISBN 978-3-86644-831-5

Band 020 Pitzer, Benjamin
Automatic Reconstruction of Textured 3D Models. 2012
ISBN 978-3-86644-805-6

Band 021 Roser, Martin
Modellbasierte und positionsgenaue Erkennung von Regentropfen in Bildfolgen zur Verbesserung von videobasierten Fahrerassistenzfunktionen. 2012
ISBN 978-3-86644-926-8